服装材料

（第2版）

主　编◎席向荣
副主编◎张玉升　陈晓玲　高冰倩
参　编◎张　涛　罗　涛　莫静声
主　审◎刘　琼

北京理工大学出版社
BEIJING INSTITUTE OF TECHNOLOGY PRESS

内容简介

本书从服装的要求出发，结合行业标准与国家标准，系统介绍了服装用纤维原料、纱线、织物结构，服装面料印染与整理，织物服用性能与评价方法，织物、毛皮与皮革的常规品种与评价，服装的选材，服装及材料保养和标识以及服装材料市场。同时，还介绍了服装衬料、里料、垫料和絮填材料，扣紧材料及其他服装辅料的种类、性能和选用方法；国际服装新材料及其流行趋势；各类服装对材料的要求和选用，并对服装及其材料在加工生产、使用和保管中应注意的事项做了说明。本书可用作职业教育服装院校专业教材，也可用作服装厂工人、技术人员、设计人员的参考用书。

图书在版编目（CIP）数据

服装材料/席向荣主编. —2版. —北京：北京理工大学出版社，2020.1

ISBN 978-7-5682-8093-8

Ⅰ.①服…　Ⅱ.①席…　Ⅲ.①服装－材料－高等学校－教材　Ⅳ.①TS941.15

中国版本图书馆CIP数据核字（2020）第021388号

出版发行 / 北京理工大学出版社有限责任公司

社　　址 / 北京市海淀区中关村南大街5号

邮　　编 / 100081

电　　话 / （010）68914775（总编室）

（010）82562903（教材售后服务热线）

（010）68948351（其他图书服务热线）

网　　址 / http://www.bitpress.com.cn

经　　销 / 全国各地新华书店

印　　刷 / 定州市新华印刷有限公司

开　　本 / 787毫米×1092毫米　1/16

印　　张 / 12

字　　数 / 282千字

版　　次 / 2020年1月第2版　2020年1月第1次印刷

定　　价 / 33.00元

责任编辑 / 李慧智

文案编辑 / 李慧智

责任校对 / 周瑞红

责任印制 / 边心超

图书出现印装质量问题，请拨打售后服务热线，本社负责调换

前言

服装材料是我们人类文明最早的成果之一。“衣食住行”是人类永恒的主题，“衣”排在首位。现代社会，人们穿着服装更多是体现对美的表达与追求。服装材料的发现、发明和创新，为人类灿烂的服饰和文化奠定了基础并引领方向。

在商品经济的概念下，服装是超越使用价值而体现交换价值及其增值的最具有代表性的商品之一。因此，在服装材料上也充分体现人类文化和观念，并且通过流行变化，体现出人们对富裕、休闲、舒适、审美、艺术等物质与精神需要的不断追求。服装消费的发展，把自然资源、文化资源、科技水平和劳动力有效地整合为一个系统，使之形成一个具有极大经济活力的产业链，在国民经济和地区经济中发挥着重要作用，并通过国际贸易形式在国际市场上占据重要的份额。

我国的纺织、服装行业随着时代的发展，目前所面对的是全球化的市场和世界级的竞争。人们对于服装材料的作用和地位有了更加明确的认识和更高层次的要求。但是，我国纺织、服装行业和产品的核心竞争力已经不再是仅仅体现劳动力成本和生产规模的优势，而在于充分体现对文化内涵的表达，对科技成果的运用，对时尚潮流的把握，对环保理念的体现及对市场规则的熟知与掌握。

服装材料涉及的范围很广，包括的品种极多，并且新产品、新功能不断涌现，流行周期日益缩短，这给人们识别面料带来了很大困难。对面料品种的认识，可以使我们对服装材料有一个系统的了解，以利于在服装设计时更好地选择和应用。设计师对材料的运用，直接决定了产品的价值和销售利润。而合理选材的前提就是对面料的识别。毫无疑问，识别服装材料的根本目的不在于叫出面料的名称，而在于识别面料的特性、了解面料的功能、判定面料的品质、明确面料的用途。在服装设计、制作过程中，合理选材是首要的工作，而面料材质穿起来是否符合我们设计的服装的性能要求，面料的成分、规格能否使面料达到要求的品质，面、辅料是否配伍良好，价格是否合理，都是必须考虑的问题。因此，学习一些识别面料的基本手段，掌握方便、简单、实用、有效的方法是非常有必要的。

本着普及、推广服装材料科学与文化，为纺织、服装企业的实际工作和院校的专业教学提供一些有参考价值的资料和知识，为我国真正成为“衣被天下”的纺织、服装强国做出贡献的初衷，我们对《服装材料》第1版进行了修订，在第三章中新增了新型服装材料的内容，主要介绍了新型服装材料的发展概况和各种新型服装材料的特点、用途，材料创新的方法与思路，以及时尚面料实际应用的实例。本书内容侧重于服装材料的研究成果、开发思路、发展展望以及新材料的应用与推广，理论与实践紧密结合，实用性强，可操作性好，内容精练，通俗易懂、形象直观，对面料设计、服装设计、产品开发和营销策划人员具有实际指导作用。

本书由席向荣、张玉升、陈晓玲、史丹娜、罗涛共同编写完成。具体分工是：第一章由席向荣编写；第二章、第四章由张玉升编写；第三章由陈晓玲编写；第五章、第六章由史丹娜编写；第七章、第八章由罗涛编写。

本书由席向荣担任主编，并负责修改、统稿、定稿。

由于时间仓促，编者水平有限，教材中的不足之处，恳请读者批评指正。

编　者

【目录】CONTENTS

第一章　纤维与纱线

知识目标

了解服装材料中纤维与纱线的相关概念，明确服装材料中纤维与纱线的基本知识、纤维与纱线的分类，熟悉服装新型纺织纤维的知识。

技能目标

掌握服装材料中纤维与纱线的种类特性，以及各种纤维物理性能比较，以达到更加了解其服用功能。

情感目标

培养学生作为服装设计师应具备的基本素质和遵循的基本原则，提高学生认识服装纤维与纱线的能力。培养服装设计师在服装面料设计中选择最佳面料的能力，提高学生对服装面料设计的热情和期待。

思维导图

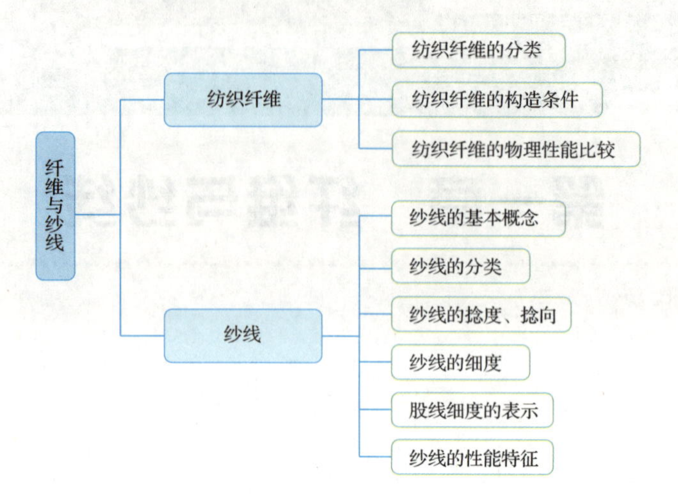
纤维与纱线
纺织纤维
纺织纤维的分类
纺织纤维的构造条件
纺织纤维的物理性能比较
纱线
纱线的基本概念
纱线的分类
纱线的捻度、捻向
纱线的细度
股线细度的表示
纱线的性能特征

服装材料是由各种各样的原料构成的，如纤维、木、石、皮革、塑料、金属等（见图 1-1）。其中，用量最多的是纤维。纤维是决定服装材料性能的关键要素。

充分利用和发挥纤维材料的各种性能特征，可以使服装在设计、生产、使用和保养等方面更加科学、合理。

图 1-1　服装材料

第一节 纺织纤维

一、纺织纤维的分类

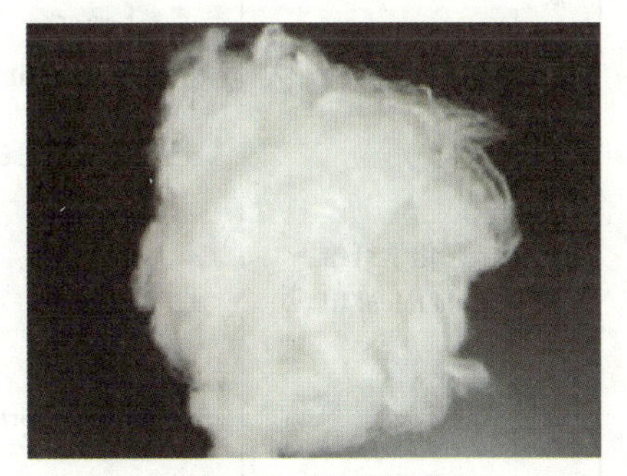

图 1-2　天然纤维

用于服装材料的纤维种类繁多，一般按照纤维的来源将纤维分为天然纤维和化学纤维。

天然纤维是由自然界植物、动物和矿物之中获取的纤维（如图 1-2 所示），包括植物纤维、动物纤维和矿物纤维。

（一）天然纤维

植物纤维又称为纤维素纤维，是指从植物的种子、茎、叶、果实上获取的纤维，主要成分是纤维素。如棉、亚麻、苎麻等都是植物纤维。

动物纤维又称蛋白质纤维，是从动物身上获取的纤维，主要成分是蛋白质纤维。如桑蚕丝、柞蚕丝、羊毛、羊绒等都是动物纤维。

矿物纤维又称天然无机纤维，是指从矿物质中获取的纤维，主要成分是二氧化硅、氧化铁、氧化镁等无机物。如石棉纤维等都是矿物纤维。

（二）化学纤维

化学纤维是以天然或合成的高分子物质为原料（如图1–3所示），经过化学处理和机械加工而得到的纤维。化学纤维可以分为人造纤维和合成纤维两大类。

图 1–3　化学纤维

人造纤维是以高分子物质为原料经过加工得到的纤维。人造纤维按原料、化学成分和结构的不同又可分为人造纤维素纤维（如粘胶纤维、富强纤维等）、人造蛋白质纤维（酪素纤维、大豆纤维等）、人造无机纤维（玻璃纤维、金属纤维等）和人造有机纤维（甲壳素纤维、海藻纤维等）4类。

合成纤维是以石油、天然气、煤等为原料，经过化学加工合成高聚物（成化学浆粕状），再通过机械喷丝制成。

合成纤维原料的来源丰富、品种较多。

各种天然纤维与合成纤维的详细分类，见表1–1。

表 1–1　服用纤维的分类

服装用纤维	天然纤维（natural fibre）	植物纤维（vegetable fibre）	种子纤维	棉、木棉
			叶纤维	剑麻、蕉麻、菠萝
			韧皮纤维	亚麻、苎麻、黄麻、木
		动物纤维（animal fibre）	丝纤维	桑蚕丝、柞蚕丝、蓖麻蚕丝、木薯蚕丝
			动物毛发	山羊毛、兔毛、绵羊毛、马海毛、山羊绒、骆驼毛
		矿物纤维（mineral fibre）	石棉	—
	化学纤维（chemical fibre）	人造纤维（regenerated fibre）	人造纤维素纤维	粘胶纤维、富强纤维、铜氨纤维、醋酯纤维
			人造蛋白质纤维	花生纤维、大豆纤维、酪素纤维
			人造无机纤维	玻璃纤维、金属纤维、陶瓷纤维、碳纤维
			人造有机纤维	甲壳素纤维、海藻纤维
		合成纤维（synthetic fibre）	聚酯纤维（polyester fibre）：涤纶	
			聚丙烯腈纤维（acrylic fibre）：腈纶	
			聚乙烯醇纤维（polyvinyl alcohol fibre）：维纶	
			聚丙烯纤维（polypropylene fibre）：丙纶	
			聚乙烯纤维（polyvinyl fibre）：乙纶	
			聚氯乙烯纤维（polyvinyl chloride fibre）：氯纶	
			聚氨基甲酸酯纤维（polyurethane fibre）：氨纶	
			聚酰胺纤维（polyamide fibre 或 Nylon）：锦纶	

此外，按纤维的形态不同可分为长丝和短纤维、有光和无光纤维、截面圆形和异形纤维、粗纤维和细纤维等。

三、纺织纤维的构造条件

纤维是一种细度很细但具有一定强度、柔软性的物质。其细度直径为几微米到几十微米，长度比直径大几十倍甚至一千倍以上，像棉花、蚕丝、动物毛发等物质都属于纤维。

自然界中纤维分为很多种，如棉纤维、麻纤维等，但不是所有的纤维都可以用在服装上。服用纤维必须具备一定的条件，它能用于纺织加工中，也就是说要具备可纺性，方可满足生产和穿着使用的要求。

（一）具有力学性能

纤维的力学性能是指纤维要具有能承受一定程度的拉伸、摩擦、扭曲等外力作用的性能。

从纤维到服装成品这一过程中，纤维要经受许多的加工程序，包括纤维—纱（线）—织物（胚布）—染、洗、炼、漂等—织物—裁剪—缝制—整烫—包装—成品服装等。

（二）具有细度、长度及抱合力

不同的纤维都具有一定的细度和长度。

纤维越细，所承受的拉伸力越小，强度越低，越有可能织成较轻薄的织物。长度越长，成纱强度越高，可织成纱的纤维强度越强；细度越细，制成的织物手感越柔软、平整、光洁、耐磨且不易起毛、起球。

抱合力是纤维纺纱、织布的首要条件，否则纤维会相互分离，影响织物质量。抱合力指纤维间有一定的包缠性和可卷曲性。

（三）具有弹性、柔软性和可塑性

弹性是指纤维在外力作用下抵抗变形及在外力消除后恢复原状的能力。

柔软性是指纤维有一定的柔软度，其织成的服装成品才具备舒适、悬垂等性能。

可塑性是指纤维在加热、潮湿等条件下，通过机械作用可以在一定程度上改变形状并固定成型的性能。

（四）必须是热的不良导体

热的不良导体是指纤维要有一定的隔热性能以及御寒保暖的性能。

保暖性能是评估服装性能的一个重要方面。虽然保暖性与织物的组织结构、厚薄程度有关，但纤维本身的特性却是保暖性能强弱的重要因素。如羊毛纤维织物比较保暖，这与羊毛纤维的导热性能较低、热量透过纤维的速度较慢有关。

（五）具有吸湿和透气性能

纤维的吸湿性是指纤维在气态环境中吸收水分的性能。纤维的吸湿性与纤维本身的分子结构有着直接的关系。如纤维大分子中含亲水性的结构越多，这种纤维的吸湿性就越强，反之较弱。

服装良好的吸湿透气性能是人体着装的基本条件。纤维只有具备较好的吸湿性能，织物穿在身上才有利于人体汗液的排泄，并且，纤维的吸湿性与染色印花有着密切的关系，一般吸湿性好的纤维较易染色，且印花色彩鲜艳、逼真。

（六）具有化学稳定性

从纤维到织物要接触如盐、酸、碱或有机物类的化学物质，制成服装穿在身上也要与人体排泄的汗脂、二氧化碳等接触，穿脏了要经过碱的洗涤，这都需要纤维具有相对的化学稳定性，能对各种化学药剂的破坏具有一定的抵抗能力，否则化学反应将会给人体带来一定的危害。

有些纤维的性能不适合于服装，或者成品的力学性能差，具有某些特殊性，如黄麻、人造蛋白质、玻璃纤维等。因此，它们不适用于纺织工业。

三、纺织纤维的物理性能比较

（一）弹性

弹性是指纤维受外力作用后变形、去掉外力后恢复原形的能力。纤维的弹性影响织物的回复性、抗皱性，以及使用过程中的保形性与舒适性。

纤维在外力作用下变形恢复的能力通常以弹性恢复率来表示，见表 1-2。

表 1-2　常见纤维的弹性恢复率

项目	去除外力后立即回缩 /%				去除外力后，2 min 的回缩 /%			
总伸长率 /%	2	3	5	10	2	3	5	10
羊毛	100	100	100	69	—	—	—	—
蚕丝	90	72	52	35	93	78	62	44
粘胶纤维	63	46	35	26	—	—	—	—
醋酯纤维	94	85	58	26	100	98	80	37
锦纶长丝	100	95	89	75	—	—	—	—
锦纶短纤	100	100	100	90	100	100	100	97
涤纶	100	85	69	40	100	75	75	50
维纶	60 ~ 70	50 ~ 60	40 ~ 45	30 ~ 35	89 ~ 95	70 ~ 80	50 ~ 60	45 ~ 50
腈纶	90 ~ 100	75 ~ 80	55 ~ 64	33 ~ 37	100	100	70 ~ 83	51 ~ 56

一般来说，纤维的弹性恢复率大，则恢复能力强，弹性优良，面料舒适，宜做运动服、内衣、紧身服等。纤维的弹性除了受纤维本身的性能属性影响外，还与外力的大小及作用时间有关。

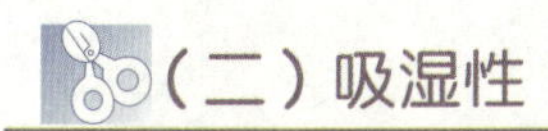

（二）吸湿性

纤维的吸湿性是指纤维在气态环境中吸收水分的能力。这一性能对织物的外观形态、尺寸、质量以及服装的穿着舒适性具有较大的影响。

纤维吸湿性的指标可用标准回潮率（*W*）来表示，见表 1–3，即在相对湿度 65%、温度 20 ℃的条件下，纤维吸湿、放湿的平衡值。一般来说，标准回潮率大的纤维吸湿性较好，如棉、麻等天然纤维和人造纤维，而合成纤维的标准回潮率值很低，吸湿性差，其织物穿着有闷热感，而且易产生静电，易吸污，衣服之间容易相互纠缠或粘贴皮肤，给人体活动带来不便。

表 1–3　常见纤维的标准回潮率

单位：%

纤维名称	标准回潮率	纤维名称	标准回潮率
棉	7 ~ 8.5	锦纶 6	3.5 ~ 5
苎麻	12	锦纶 66	4 ~ 4.5
亚麻	12	涤纶	0.4
羊毛	15 ~ 17	腈纶	2
桑蚕丝	9 ~ 11	维纶	4.5 ~ 5
柞蚕丝	9 ~ 11	丙纶	0
粘胶纤维	13 ~ 15	氨纶	0.4 ~ 1.2
铜氨纤维	11 ~ 14	氯纶	0
醋酯纤维	4 ~ 7	玻璃纤维	0

（三）导热性

导热性是指纤维传导热量的能力，是影响纤维保暖性能优劣的重要指标。不同的物体传导散热能力的大小与本身的结构和性状相关，通常用导热系数 λ 表示，λ 越小表示纤维的热传递能力越差，即纤维的保暖性越好，见表 1–4。

表 1–4　常见的几种纤维的导热系数

单位：W/（m·℃）（20 ℃）

材料	λ	材料	λ
氯纶	0.042	棉	0.071 ~ 0.073
醋纤	0.050	涤纶	0.084
腈纶	0.051	丙纶	0.221 ~ 0.302
蚕丝	0.050 ~ 0.055	锦纶	0.244 ~ 0.337
羊毛	0.052 ~ 0.055	静止空气	0.027
粘胶	0.055 ~ 0.071	水	0.697

羊毛纤维的导热系数很低，因为其纤维表面有卷曲度，纤维之间能储存一定量的静态空气，热传递能力差，因而保暖性好；而锦纶、丙纶的导热系数较高，则保暖性较差。水的导热系数最大，因而当纤维潮湿时，导热系数增加，保暖性下降。如在寒冷季节，内衣因出汗潮湿后，人穿在身上会有寒冷的感觉，这是因为纤维受潮后，导热系数增加，从而导致人体热量散发较快。

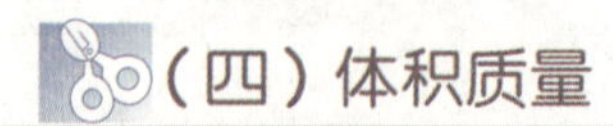

（四）体积质量

纤维的体积质量是指单位体积范围内的纤维质量，常用 g/m^3 来表示，见表 1–5。

表 1–5　常用纤维的体积质量

单位：g/m^3

纤维名称	体积质量	纤维名称	体积质量
棉花	1.54	羊毛	1.32
麻	1.50	醋酯纤维	1.32
粘胶纤维	1.50	维纶	1.26 ~ 1.30
铜氨纤维	1.50	腈纶	1.17
氯纶	1.39	氨纶	1.0 ~ 1.3
涤纶	1.38	乙纶	0.94 ~ 0.96
蚕丝	1.33	丙纶	0.91

纤维的体积质量影响织物的覆盖性，体积质量小的纤维具有较大的覆盖性，在相同的条件下，体积质量小的纤维制成的服装质量轻，穿着舒适。例如，丙纶纤维比所有纤维的体积质量都小，比水（1 g/m^3）还轻，很适合制作水上运动的服装。

（五）耐热性

耐热性是指纤维抵抗热度的能力，即对热作用的承受能力。纤维在一定的温度作用下，强度和弹性均会降低，耐热性差的纤维，在洗涤和熨烫时需要限制温度。各种常见纤维的耐热性，见表 1–6。

表 1–6　常见纤维的耐热性

单位：℃

纤维名称	分界点	软化点	熔点
氨纶		175	250
羊毛	135		
麻	135		
蚕丝	148		
粘胶纤维	150		
棉	150		
氯纶		110 ~ 130	180
丙纶		145 ~ 160	167
锦纶 6		180 ~ 200	210 ~ 220
醋酯纤维		180 ~ 200	260 ~ 270
腈纶	280 ~ 300	190 ~ 220	300
维纶		200 ~ 220	220 ~ 230
锦纶 66		220 ~ 240	250 ~ 255
涤纶		230 ~ 240	250 ~ 265

从表中可以看出，合成纤维受热的影响分为两个阶段：第一阶段纤维的可伸性、可塑性等都随温度的升高而增加，即软化状态；第二阶段温度连续升高时，纤维开始发黏、温度降低，甚至呈熔

融状态。而天然纤维和部分人造纤维受热时不经过软化和熔融两个阶段，受热到一定程度即分解、失强，甚至焦化、炭化。耐热性好的纤维，热稳定性不一定好，只有涤纶同时具有良好的耐热性和热稳定性。

（六）其他物理性能比较

纤维的其他物理性能比较如下：

抗碱性能：氯纶 > 维纶 > 锦纶 > 棉。

抗酸性能：氯纶 > 涤纶 > 腈纶 > 维纶 > 毛。

耐磨性能：锦纶 > 丙纶 > 维纶 > 涤纶 > 腈纶 > 毛 > 棉。

耐光性能：腈纶 > 麻 > 棉 > 毛 > 醋酯纤维 > 涤纶 > 氯纶 > 富强纤维 > 粘胶纤维 > 维纶 > 铜氨纤维 > 氨纶 > 锦纶 > 蚕丝 > 丙纶。

染色性能：棉 > 粘胶纤维 > 毛 > 丝 > 锦纶 > 醋酯纤维 > 涤纶。

可洗穿性：涤纶 > 腈纶 > 改性氯化聚丙烯 > 丙纶 > 醋酯纤维 > 锦纶 > 毛 > 棉。

抗霉性能：醋酯纤维 > 涤纶 > 锦纶 > 氯纶 > 维纶 > 丙纶 > 毛 > 棉 > 蚕丝。

抗蛀性能：醋酯纤维 > 涤纶 > 氯纶 > 维纶 > 丙纶 > 粘胶纤维 > 毛 > 蚕丝。

第二节 纱 线

纱线在服装制作和加工过程中，起着基础和桥梁纽带的双重作用。纱线是由纺织纤维经纺制而成的具有一定力学性能的连续线状物体，可广泛运用于服装的编织、缝纫、绣花、面料、里料等方面，如图 1-4 所示。

纱线的形态结构与品质很大程度上决定着织物和服装的外观、质地、性能以及成本和生产效率等。

图 1-4 纱线

一、纱线的基本概念

纱线是纱与线的统称。

它们的具体定义如下：纱是由短纤维经过一系列的加工过程得到的具有一定长度、一定强度、一定细度和一定性能的并且可以加工成任意长短的产品。纱是单根产品，又称单纱。

线是由两根或两根以上的单纱合并而成的，纱线中的纤维互相抱合而形成圆形，其排列呈复杂的螺旋线状。根据合股单纱的根数，分别称作双股线、三股线、四股线等。

二、纱线的分类

纱线品类繁多，分类方法也有很多种，主要可按以下几种分类：

（一）按纱线的原料分

1. 纯纺纱线

由一种纤维纺制而成的纱线称为纯纺纱线。其命名是按照纤维的种类来决定的，如棉纱线、毛纱线、涤纶纱线等。

2. 混纺纱线

用两种或两种以上的不同种类的纤维混纺而成的纱线称为混纺纱线。其命名是按照所组成纱线的纤维比例来决定的，比例多的在前，纤维之前用“/”隔开。如 50% 棉与 50% 腈纶的混纺纱线命名为棉/腈纱；85%棉与15%涤纶的混纺纱线命名为棉/涤纱；50%涤纶、20%锦纶和30%棉的混纺纱线命名为涤/棉/锦纱。

（二）按纱线的形态结构分

1. 普通纱线

普通纱线的外观结构普通，截面分布规则呈圆形。如单纱、股线、单丝、复丝、捻丝、复合捻丝。

2. 花式纱线

花式纱线是指具有特殊外观结构的纱线，具体分为以下3种：

（1）花式纱线

花式纱线的截面分布不规则，其结构形态延长方向发生变化，可以有规则，亦可随机，如螺旋纱、结子纱、竹节纱、毛圈纱等。

（2）花色纱线

花色纱线的色彩随着长度的方向发生变化，一根纱线呈现出两种或者两种以上的色彩，而色彩的分布可以是有规则的，也可以是随机的，如双色线、混色线等。

（3）包芯纱

包芯纱是以长丝或短纤维为纱芯，外包其他纤维一起加捻纺制而成，如涤棉包芯纱等。

3. 变形纱

变形纱是将化纤经过变形加工使之具有卷曲、环圈、螺旋等外观特征，并呈现出蓬松性、伸缩性特点的纱线。

（三）按纱线的用途分

1. 机织用纱

机织用纱是指织造机织物所用的纱线，通常分为经纱和纬纱两种。

经纱作为织物纵向纱线，而纬纱则用作织物的横向纱线。

2. 针织用纱

针织用纱是指织造针织物所用的纱线，主要用于机器或手工编织，通常由两股、三股、四股单纱捻合而成。

3. 缝纫线

缝纫线是指缝制服装、装饰物等所用的纱线。一般分为机用缝纫线和手工缝纫线两种。

4. 其他用纱

根据用途不同，对纱线的要求也是各不相同。如刺绣线是最主要的刺绣材料，编结线是手工编结装饰品和实用工艺品的纱线，等等。

三、纱线的捻度、捻向

（一）纱线的捻度

纱线的捻度是指纱线单位长度内的捻回数（即螺旋圈数），用 T 表示，其单位有 r/m、r/10 cm 或 r/cm。纱线的捻度不同，对纱线的强度、刚柔性、弹性、伸长性、耐磨性等都有很大的影响。

（二）纱线的捻向

纱线的捻向是指纤维在纱线中加捻时的方向。主要是根据加捻后在股线中的倾斜方向而定的，分为 Z 捻和 S 捻两种（如图 1–5 所示）。在单纱中的纤维加捻后，其倾斜方向自下而上，从右至左的叫作 S 捻；若倾斜方向自下而上，从左至右的叫作 Z 捻。

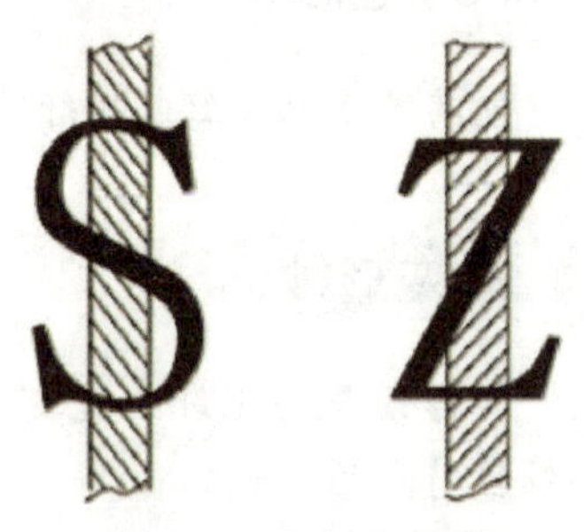

图 1–5　S 捻和 Z 捻

四、纱线的细度

纱线的细度是指纱线的粗细程度，它直接影响织物的物理性能，如织物的厚度、刚硬度和耐磨性等。纱线细度的表示方法分为定长制与定重制两种。

（一）定长制

定长制是指在公定回潮率的条件下，用规定长度的纱线质量来表示其细度。定长制采用的指标有特克斯数和旦尼尔数两个计量单位，其数值越大，表示纱线越粗。

1. 特数（特克斯数）N_{tex}

特克斯数，旧称公制“号数”，指 1 000 m 长的纱线在公定回潮率时的质量克数，即多少特克斯，记作“tex”。

特克斯是我国目前法定的线密度指标，其计算公式如下：

$$N_{tex}=\frac{1\,000\,m_K}{L}$$

式中，m_K 表示纱线的标准质量（g），L 表示纱线的长度（m）。

如 100 m 长纱线质量 20 g 为 20 tex，15 g 则为 15 tex，号数越大，表示纱线越粗。市场上常见的 18 号针织汗背心，指它是用 1 000 m 长、18 g 重的纱织成的。

特数适用于所有的纱线。

2. 旦数（旦尼尔数）N_{den}

旦尼尔数又称为纤度和旦数，指 9 000 m 长的丝在公定回潮率时的质量克数，即多少旦数，记作“D”。其计算公式如下：

$$N_{den}=\frac{9\,000\,m_K}{L}$$

式中，m_K 表示纱线的标注质量（g），L 表示纱线的长度（m）。

如 9 000 m 长的丝，质量 1 g 则为 1 D，2 g 则为 2 D；旦数越小，表示纱线越细。如丝长为 9 000 m、质量是 120 g 即为 120 D。

旦数常用于蚕丝和化纤长丝。

（二）定重制

定重制是指在公定回潮率的条件下，用规定质量的纱线长度来表示其细度。定重制的表示方法是取一定质量的纱线测量其长度。它的数值越大，表示纱线越细。采用的指标有公制支数和英制支数。

1. 公制支数 N_m

公制支数是指在公定回潮率的条件下，1 g 的纱线所具有的长度（m），即为几公支纱，简称几支，用“N”表示。其计算公式如下：

$$N_m=\frac{L}{m_K}$$

式中，m_K 表示纱线的标准质量（g），L 表示纱线的长度（m）。

支数值越大，表示纱线越细。如每克纱线长为 1 m，即为 1 N，2 N 纱细于 1 N 纱。公制支数常用于棉纱、面纱的混纺纱、毛纱、麻纱线和绢纺纱线。

2. 英制支数 N_e

英制支数是指在公定回潮率的条件下，1 磅（lb，1 lb 为 454 g）的纱线有几个 840 码长（yd，1 yd 为 0.914 m）。其计算公式如下：

$$N_e = \frac{L}{m_e \times 840}$$

式中，m_e 表示纱线的标准质量（lb），L 表示长度（yd）。

即 1 lb 棉纱有一个 840 yd 长，就是 1 英支。如 1 lb 重的棉纱有 32 个 840 yd 长，简称 32 支纱，写作 32 英支。数字越大纱越细。

英制支数常用于棉纱和棉型混纺纱。

（三）细度指标的换算

各细度指标间的换算原则是长度不变、标准质量不变的相互换算，见表 1–7 和表 1–8。

表 1–7　纱线的细度指标换算表

换算指标	换算公式	备注
特克斯数与公制支数	N_{tex}=1 000/N_m	—
特克斯数与旦数	N_{tex}=N_{den}/9 000	—
公制支数与旦数	N_m=9 000/N_{den}	—
特克斯数与英制支数	N_{dex}=C/N_e	C 为换算常数

表 1–8　换算常数 C

纱线种类	换算常数 C
棉	583
纯化纤	590.5
涤 / 棉	588
纤维 / 棉、腈 / 棉、丙 / 棉	587

五、股线细度的表示

（一）特克斯数制

1. 单纱号数相同

股线号数以单纱号数乘以合股数表示。如 18×2 tex，表示由两根 18 号单纱组成的股线。

2. 单纱号数不同

股线号数以单纱号数相加表示。如（18+20）tex，表示由一根 18 号和一根 20 号单纱组成的股线。

(二)支数制

1. 单纱支数相同

股线支数以单纱支数除以合股数表示。如 28/3 N，表示由三根 28 N 单纱组成的股线。

2. 单纱支数不同

将单纱的支数排列，用斜线分开。如 20/40 N，表示由 20 N 和 40 N 两根单纱组成的合股线。

六、纱线的性能特征

(一)棉纱线

棉纱线（如图 1-6 所示）按照纺纱、整理等加工方法可以分为精梳纱、半精梳纱、丝光纱等。

精纺纱是指通过精梳工序纺成的纱，可分为精梳纱和半精梳纱。其纱中纤维平行伸直度高，条干均匀，光洁，成本较高，纱支较高，半精梳纱的质量稍次于精梳纱。主要用于高级织物及针织品的原料，如细纺、华达呢、花呢等面料。丝光纱是指棉纱线在有张力的情况下，经过浓烧碱的处理，使其不仅具有原有的特性，还具有一般光泽的特殊棉纱线，具有强力增大、不易断裂，色泽鲜亮、不易掉色，不易拉伸变形等特点，主要用于高档 POLO 衫、衬衫等高档服装用料。

(二)毛纱线

毛纱线（如图 1-7 所示）按照纺纱工艺分为精纺纱线和粗纺纱线。

精纺纱线是采用优质的细、长毛纤维，按精纺毛纱工艺加工，具有平面伸直度高、光洁度好的特征，如精纺哔叽、凡立丁等。粗纺纱线是采用短毛纤维与精纺毛混合经粗纺工艺加工而成，具有表面蓬松、附有短毛、手感柔软、质地温暖等特征，如麦尔登、粗纺法兰绒等。

图 1-6 棉纱线

图 1-7 毛纱线

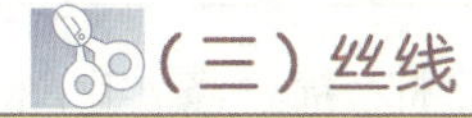

(三)丝线

由于丝线（如图 1-8 所示）的特殊构成，可将其分为生丝、熟丝及绢丝等。

图 1-8　丝线

经过缫丝工艺直接从蚕茧中抽取的丝称作生丝，其光泽较为暗淡、手感生硬。生丝经脱胶处理好后称为熟丝，其光泽优雅、色泽洁白、手感柔软。

绢丝是由茧与丝的下脚料经纺纱加工而得的纱线，有单纱和股线两种。绢丝光泽柔和，纱线均匀度较好，手感丰满且富有弹性，是高级绢纺绸的主要原料。

（四）化纤纱线

化纤纱线按照原料的组成不同，可以分为锦纶、涤纶、腈纶、氨纶等。化纤长纤维纱线表面均匀光滑，但手感生硬，容易起毛、起球，常作为薄形化纤面料和缝纫线的材料，按需要可加工成长丝和短纤维纱线。其主要规格有 15 D、60 D、75 D、90 D、100 D、120 D、150 D、200 D、250 D 等。

化纤短纤维纱线具有手感柔软、保暖性好、光泽柔和的特征，主要用于织制仿棉、仿毛类织物，可将其分为棉型、毛型和中长型 3 种。

（五）金银线

图 1-9　金银线

金银线（如图 1-9 所示）主要是以聚酯薄膜为原料，运用真空镀膜工艺，在其表面镀一层铝，再覆以颜色涂料层与保护层加工而成。

金银线具有耐高温、耐磨、耐洗等化学特征，主要用作织物装饰，也可并捻在纱线中形成花式线。

（六）混纺纱线

混纺纱线是由两种或两种以上的纤维混合纱纺工艺加工而成。混纺原料及混纺比例不同，其混纺纱线的性能也不同，详见表 1-9。

表 1-9　主要纤维在混纺纱线性能中的作用比较

作用	棉	粘胶铜氨	毛	醋纤	锦纶	涤纶	腈纶	维纶	丙纶
蓬松性、丰满度	差	中	优	中	差	差	优	差	差
强度	中	中	差	差	优	优	中	好	优
吸湿性	优	优	优	中	差	差	差	中	差
恢复性	差	差	优	中	中	优	优	中	优
保形性	中	差	差	好	优	优	优	好	优
抗起球性	优	优	优	中	差	差	中	差	中
抗静电	优	优	好	中	差	差	差	中	差
抗熔融	优	优	优	差	差	差	中	中	差

常用的混纺纱线有涤 / 棉、麻 / 棉、维 / 棉、毛 / 腈、涤 / 粘、毛 / 涤、涤 / 棉 / 锦、涤 / 毛 / 粘等。混纺比例大多在 20% ~ 80% 之间，少量参与混纺的仅有 5% 左右。

第二章　织物的构造与性能

知识目标

了解织物的构造及性能，并能将织物性能运用到各类服装设计中去。

技能目标

学会通过织物的特点分辨其性能与构造，掌握织物的材料性能等相关知识。

情感目标

通过面料识别的实验，学生能够提高学习兴趣，体会服装面料织物的构造与性能，学会观察不同织物的性能及特征，能正确识别各种织物。

织物的构造与性能

思维导图

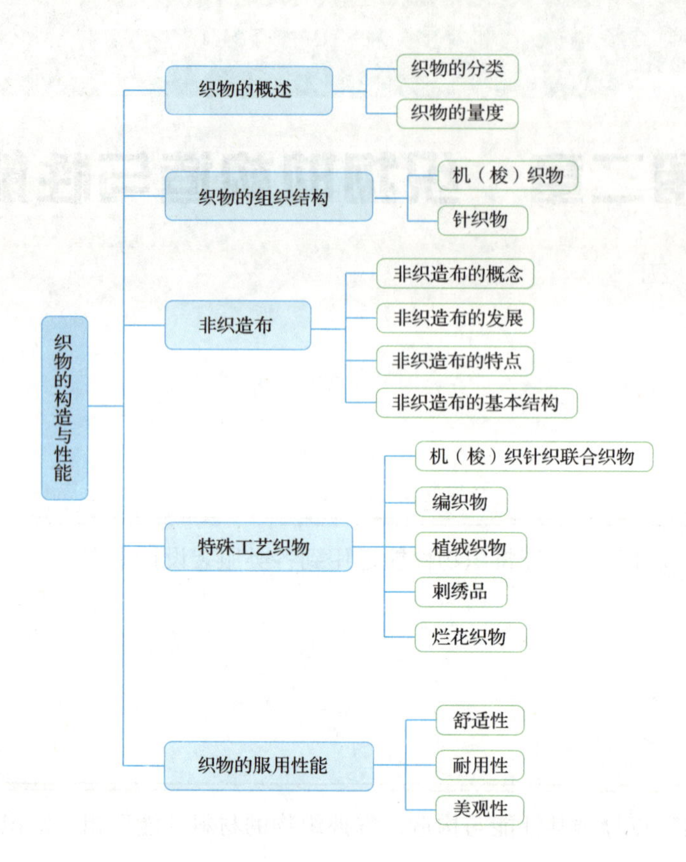

第一节 织物的概述

织物是在原料选用、织物结构设计、织造工艺设计以及设备选用等的基础上，经过纤维原料、纱线织造前的准备，再根据其结构需要在设备、器件上进行织造、编制而成。

一、织物的分类

织物按照不同的分类方法可以有许多种，常见的有以下几种分类方法：

（一）按织物的原料组成分类

1. 纯纺织物

纯纺织物是指由纯纺纱织成的织物，即织物的经纬纱线是由单一的原料构成。如麻织物中的夏布、棉织物中的细布、丝织物中的真丝双绉等。

纯纺织物主要特点是体现了织物组成纤维的基本性能。

2. 混纺织物

混纺织物是指由混纺纱织成的织物，即由两种或两种以上不同纤维混纺成纱而织成的织物。如毛/粘花呢、棉/府绸、涤/棉平布等。

混纺织物主要特点是体现了组成原料中各种纤维的不同性能，并且能够取长补短来提高织物的服用性能。纱线混纺比例的不同导致织物性能也各不相同。

3. 交织织物

交织织物是指由不同原料或不同形态的多种纱线构成的织物。如蚕丝与棉纱交织、蚕丝与毛纱交织、人造丝与棉纱交织等。

交织织物的基本性能由构成织物的不同纱线所决定，具有经纬向各异的特点。

4. 仿生织物

仿生织物是指由化纤或其他原料仿制某一原料（多为天然纤维）的织物风格。如化纤仿棉、化纤仿麻、化纤仿毛、棉仿丝绸等。

（二）按织物的构造分类

1. 机（梭）织物

机（梭）织物（如图 2-1 所示）是指以经纬纱线在织机上按一定的规律相互交织而成的织物，布面有经向和纬向之分。

机（梭）织物的主要性能特点是结构形态稳定性好，悬挂时不会出现松弛现象，且能够达到较高的紧密程度，织物强度高，耐磨、耐洗性好，可适合各种裁剪方法。目前，市场上 70% 以上的服用织物是机（梭）织物。其缺点是弹性和透气性不如针织物，易产生极光，易起皱。

2. 针织物

针织物（如图 2-2 所示）是指以一根或一组纱线为原料，用纬编机或经编机加工形成线圈，并相互串套而成的织物。

针织物的主要特点是质地松软、多孔，有较大的延伸度和弹性，抗皱性和透气性好，是制作内衣、紧身衣、运动服、童装的最佳面料。此外，针织物还具有成型的特点，如线衫、手套、袜子等，其缺点是强度低、容易钩丝，尺寸较难控制，较难裁剪，还易产生卷边现象并具有脱散性。

图 2-1　机（梭）织物

图 2-2　针织物

3. 非织造织物

非织造织物（如图 2-3 所示），是指未经传统的纺纱工艺，由纤维网借机械或化学方法构成的片状集合物。

非织造织物生产工艺流程短，生产过程便于自动控制，产量高，成本低，适用范围广而且发展迅速。其缺点是非织造织物产品的花色不如机织物和针织物，且多数产品的悬垂性、弹性、强伸性、质感等方面与服装用织物的要求有一定的差距，所以，非织造织物主要用于服装衬料以及医用的一次性卫生用品等方面。

图 2-3　非织造织物

4. 特殊工艺织物

特殊工艺织物是指以一般的纺织原料或织物为基础，再进行特殊的工艺加工处理，使其成为一种具有特殊效果的服装面料。

常见的特殊工艺织物有机（梭）织针织联合织物、编织织物、植绒织物等。

（三）按织物的染整方式分类

1. 原色布

原色布亦称本色织物，也称坯布，指未经过印染加工而保持原有色泽的织物。如纯棉粗布、市布等，其主要特点是外观较粗糙、本色，大多做印染用坯布。

2. 漂白织物

漂白织物是指以白坯布经练漂加工后得到的织物。其主要特点是色泽洁白、布面匀净。

3. 染色织物

染色织物是指以原色布进行染色加工而成的织物，如各种染色棉布、各种精仿毛料等。其主要特点是颜色丰富。

4. 色织物

色织物是指纱线先染色再织成的各种条、格类以及小提花织物。

5. 印花织物

印花织物是指以原色布经过练漂后再进行印花而得到的花色织物。

（四）按织物的不同纱线分类

1. 单纱织物

单纱织物是指织物的经纬纱全部用单纱织成的织物。其主要特点是比线织物柔软、轻薄，如巴厘纱、细布等。

2. 全线织物

全线织物是指织物的经纬纱全部用股线织成的织物。其主要特点是比同类单纱织物结实、硬挺、光洁度好，如全线卡其、全线府绸等。

3. 半线织物

半线织物是指织物的经纬纱是用单纱和股线交织而成的织物。机织物一般都是用股线作经纱，单纱作纬纱。其主要特点是比同类织物的股线方向强度高，结实、硬挺，但悬垂性差，如半线府绸、半线卡其等。

4. 花式线织物

花式线织物是指织物的经纬纱由各种花式线织成的织物。其主要特点是根据各种花式的不同结构形成丰富多彩的肌理效果，如结子线织物、竹节织物等。

5. 长丝织物

长丝织物是指织物由天然长丝或化学长丝织成的织物。其主要特点是比同类短纤维织物手感滑爽、光泽明亮、纹路清晰，如涤丝纺、电力纺、素绉缎等。

此外还有一些分类方法，如按纱线的加工方式可分为精梳、普梳、精纺、粗纺等；按纱线支数可分为细支纱织物、粗支纱织物及高支纱织物等；按织物的厚重程度可分为轻型织物、中型织物、重型织物等。

二、织物的量度

织物有匹长、幅宽、厚度、质量以及密度等量度指标。

（一）织物的匹长

织物沿其长度方向（即经向），两端最外边完整的纬纱之间的距离称为匹长，以“m”为单位，国际贸易中也有用 yd（1 yd 为 0.914 m）为单位。

机（梭）织物的匹长根据其用途、重量、厚度和卷装容易程度等因素而定。棉织物匹长一般为 30 ~ 60 m；毛织物一般大匹为 60 ~ 70 m，小匹为 30 ~ 40 m；丝织物匹长一般为 20 ~ 50 m；麻类夏布匹长一般为 16 ~ 35 m；长毛绒和骆绒织物匹长为 25 ~ 35 m。织物匹长还与运输以及印染后整理和排版算料等因素有关。

针织物的匹长视工厂的具体条件而定，主要考虑原料、织物品种和针织物染整工序等要素。一种是定重方式，制成每匹重量一定的坯布；另一种是定长方式，制成每匹长度一定的坯布。经编针织物的匹长以定重方式较多，纬编针织物的匹长多由匹重、幅宽而定。汗布的匹重为 12 kg+0.5 kg，绒布的匹重为 13 ~ 15 kg+0.5 kg，人造毛皮针织物的匹长一般为 30 ~ 40 m。

（二）织物的幅宽

织物沿其宽度方向（即纬向），最外边的两根经纱间的距离称为幅宽，以“cm”为单位，国际贸易中也有用 in（1 in=2.54 cm）表示的，它是指织物自然伸缩后的实际宽度。

机（梭）织物幅宽根据加工过程中的收缩程度、用途和利用率等因素决定。棉织物分中幅与宽幅两种，中幅为 81.5 ~ 106.5 cm，宽幅为 127 ~ 167.5 cm；精纺毛织物幅宽为 144 cm 或 149 cm，粗纺毛织物幅宽为 143 ~ 150 cm，毛织物均为双幅；长毛绒幅宽为 124 cm，驼绒幅宽为 137 cm，丝织物幅宽范围为 70 ~ 140 cm；化纤织物幅宽最多为 144 cm 左右；苎麻织物幅宽一般为 80 ~ 140 cm；被面幅宽为 135 ~ 141 cm。

经编针织物的幅宽根据产品的品种与组织结构而定，一般为 150 ~ 180 cm。纬编针织物的幅宽主要跟加工用的针织机规格、纱线和组织结构等有关，为 40 ~ 50 cm。人造毛皮针织物的幅宽常见的是 125 cm。

常用的幅宽有 77 cm、90 ~ 91 cm、113 cm、144 cm、72 cm × 2（双幅）等。为提高织物的产量和利用率，便于服装裁剪，织物正向宽幅的方向发展。

（三）织物的厚度

在一定压力下，织物正反面间的距离称为织物厚度，以“mm”为单位。织物厚度反映织物的厚薄程度，直接影响服装的风格、保暖性、透气性和耐用性等服用性能。根据不同季节、用途和服装款式的要求，可采用不同厚度的织物。织物的厚度分为薄型、中型和厚型三类，见表 2–1。

表 2–1　棉、毛、丝织物的厚度分类

单位：mm

织物类别	棉织物	毛织物		丝织物
		粗纺呢绒	精纺呢绒	
薄型	0.25 以下	1.10 以下	0.40 以下	0.14 以下
中型	0.25 ~ 0.40	1.10 ~ 1.60	0.40 ~ 0.60	0.14 ~ 0.28
厚型	0.40 以上	1.60 以上	0.60 以上	0.28 以上

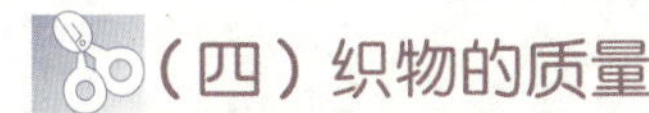

（四）织物的质量

织物的质量是指干燥无浆织物单位面积所具有的质量，单位为“g/m^2”（oz/yd^2）。它不仅影响服装的服用性能和加工性能，同时也是服装成本核算的主要依据。

织物的品种、用途、性能不同，对其单位面积质量的要求也不同，各类织物根据每平方米克重数可分为轻型、中型和重型。一般轻薄型织物光洁轻薄，手感柔软滑爽，用于内衣及夏季服装。厚型织物保暖、坚实，适用于做冬季服装面料。一般棉织物大致为 70 ~ 250 g/m^2，薄型丝织物为 40 ~ 130 g/m^2。毛织物的质量分类，见表 2-2。

表 2-2 毛织物的单位面积质量分类

单位：g/m^2

织物类别	精纺呢绒	粗纺呢绒
薄型	180 以下	300 以下
中型	180 ~ 270	300 ~ 450
重型	270 以上	450 以上

（五）织物的密度

织物的密度是指单位面积内经、纬纱线的根数。通常是指 10 cm^2 内所含的经纱根数和纬纱根数。由于旧的习惯用法，有些地方仍用每平方英寸所含经纬纱的根数计算。

表示方法：

经纱数 × 纬纱数 /10 cm^2 或经纱数 × 纬纱数 /in^2

如麦尔登 222×210/10 cm^2，表示每 10 cm^2 面积中有经纱 222 根，纬纱 212 根；府绸 133×72/in^2，表示每平方英寸面积中有经纱 133 根，纬纱 72 根。

数字越大，密度越大；数字越小，密度越小。

纺织品经纬密度的大小与织物的外观、手感、厚度、强度、抗折性、保暖性等都有着密切的关系。一般来说，在纱支相同的情况下，密度大的织物，就比较紧密、坚牢、厚实;密度小的织物，就显得稀薄松软。但并不是越密越好，密度太大的织物，往往做成衣服后在折边处易磨损、断裂、发白；其次，织物的透气性、染色渗透性也差一些。

织物密度的设计是根据具体情况而定的。大多数织物的经密都大于纬密，这是因为衣服穿在身上经向所受的力大于纬向所受的力。

第二节 织物的组织结构

一、机（梭）织物

机（梭）织物的结构主要是指纱线在织物中的交织形式，包括经纬结的交织规律、排列紧密度等。其作用是将纱线以一定的空间几何形态构成织物。

（一）机（梭）织物组织的基本概念

① 经纱：织物上与布边垂直的纱或线。

② 纬纱：织物上与布边平行的纱或线。

③ 织物组织：经、纬纱相互交错或彼此沉浮的规律和形式。

④ 组织点：经纱和纬纱上下交织的重合点。

⑤ 完全组织：经纱与纬纱彼此交织的规律达到循环时，构成的一个组织循环。

（二）机（梭）织物组织的表达形式

机（梭）织物组织的表达方式主要有结构图和方格组织图（如图2–4所示）。

方格组织图中每一纵横行分别表示一根经线和一根纬线，每一小方格相当于经纬的一个交叉点，主格通常以涂黑或打“×”的方式来表示该处经线在纬线之上，称经组织点；方格留白无记号，则表示该处经线在纬线之下，称纬组织点。在一个组织循环中，经组织点多于纬组织点的称经面组织，反之称纬面组织。

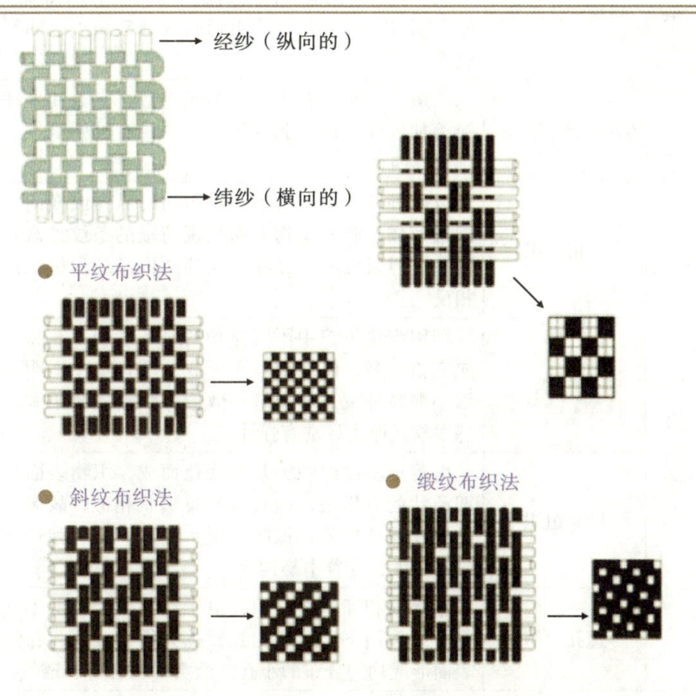

图 2–4　机（梭）织物组织的表达形式

（三）机（梭）织物组织的分类

机（梭）织物组织成千上万，但按构成形式和表面效果的不同，可分为原组织、变化组织、联合组织、复杂组织（重组织、绉组织、双层组织、起绒组织和纱罗组织等），详见表 2–3。

表 2–3　机（梭）织物组织分类及其特征

组织概述		组织分类	织物类别
原组织	平纹组织	是最简单和最基本的组织，一上一下，无经纬面之分，交织点多，组织循环最小。布面光滑平整、坚固耐用，耐磨性和透气性较好，易缝制，但弹性和光泽度较差	代表织物有平布、府绸、凡立丁、麻纱、派力司、双绉、塔夫绸等
	斜纹组织	由经浮点或纬浮点的浮长构成斜向织纹，一上二下，形成连续的倾斜纹路。有左右向（撇和捺之分）和经纬面斜纹之分。织物比平纹柔软且光泽较好，但强度和透气性相对平纹差	代表织物有牛仔布、卡其、哔叽、华达呢、人造棉等
	缎纹组织	是三大原组织中最复杂的一种。特点在于其经纱或纬纱在织物中形成一些单独的、互不相连的、平均分布在织物中的经组织点或纬组织点。有一上四下等织法，有经、纬面之分，经浮点居多的为经面缎纹，反之为纬面缎纹。具有平滑柔软、光亮滑腻，有弹性但强度差，容易钩丝、不耐磨、不易水洗的特点	代表织物有桑波锻、素绉缎、直 / 横贡呢、贡缎等
变化组织	平纹变化组织	以平纹组织为基础，沿经向或纬向，或沿经、纬两个方向延长组织点，使组织循环扩大。常见的有重平组织、方平组织、变化重平以及变化方平组织等	麻纱织物常采用重平组织；方平组织的织物常见的有板司呢、女式呢等
	斜纹变化组织	由原斜纹组织经延长组织点浮长、改变斜纹方向而成。斜纹变化组织种类繁多，常见的有加强斜纹、复合斜纹、角度斜纹、山形斜纹、破斜纹、曲线斜纹等	代表织物有哔叽、双面卡其、花呢、法兰绒、海军呢、人字呢、马裤呢等
	缎纹变化组织	以缎纹组织为基础，对组织点数、飞数和经纬转换等加以变化而得到的缎纹。主要有加强缎纹、变则缎纹两种	代表织物有缎背华达呢、顺毛大衣呢、女式呢、花呢等
联合组织	条格组织	以两种及其以上的组织沿织物的纵向或横向并列配置而成，能使织物表面呈现清晰的条纹外观。为使条纹界线分明，分界处相邻两根经纱的组织点应相反	主要用于手帕、头巾、被单及一些服装面
	绉组织	利用织物组织中不同浮长的经纬纱线，在纵横方向交错排列，使织物表面形成分散且规律不明显的细小颗粒外观，形成皱纹效应。织物光泽柔和、手感柔软、厚实且富有弹性	常用于皱纹呢、乔其纱、女式呢等
	蜂巢组织	由菱形斜纹组织为基础变化而成，织物表面形成凹凸状的方形格，因其与蜂巢形状相似，故名。这类织物质地松软，保暖，吸水性好，富有弹性，但缩水率大，穿着中易钩丝	多用于织制围巾、床单、女士外衣面料、童装面料等
	透孔组织	经纬线相互垂直交织，由于经纬线浮长的不同，在交织作用下，经纱相互靠拢并集合成束，在织物表面形成均匀分布的小孔。此类织物轻薄、透气	适用于织制夏季轻薄类面料、窗帘等

续表

组织概述		组织分类	织物类别
联合组织	凸条组织	以一定的方式把重平组织与另一种简单组织组合，使织物外观具有经向、纬向或倾斜的凸条效果。这类织物正面呈现纵向或横向的凸条	常用于灯芯布、色织女线呢、凸条毛花呢、中长仿毛织物等
	网目组织	是以平纹或斜纹组织为地组织，每间隔一定距离，有一曲折的经（纬）浮长线在织物表面，形如网络。这类组织具有很强的装饰性	广泛应用于府绸、细纺、泡泡纱等织物上
起绒组织	经起绒组织	由经纱形成的毛绒组织。由地经与纬纱织成底布，毛经交织后浮长线被割断，经整理后形成毛绒。分平绒类与长毛绒两类	平绒类织物可用于服装、鞋帽、装饰；长毛绒保暖、厚实，常用于冬装上
	纬起绒组织	由纬纱形成的组织。由地经和经纱织成底部，纬浮长线覆盖于织物表面，经割线、整理加工形成毛绒	常见织物有纬平绒、灯芯绒、花式灯芯绒、烤花大衣呢等
提花组织		提花组织的组织循环经纱数可达数千根，不同色彩或纤维的纱线，在织物表面呈现出各种风格的彩色图案。大提花组织的织物需经专用的提花织机织制	常见织物有花软缎、提花毛毯、九霞缎、织锦缎以及装饰织品等
毛巾组织		由两组经纬纱线交织成表面有一层环状毛圈的组织。其中一组经纬纱交织成地布组织，另一种交织成毛圈组织。这类组织吸湿性、保暖性和柔软性较好，可分双面、单面和花色 3 种	适用于做浴衣、毛巾、浴巾、枕巾以及各种电器罩等
双层组织		由两组或多组各自独立的经纬纱线交织形成上、下两层的织物。这类织物大多较厚实，多为丝织提花织物	常见织物有宋锦、冠乐绉、厚实大衣呢等
重组织		由两组及两组以上的经（纬）线与一组纬（经）线交织而成，前者为重经组织，后者为重纬组织。其特征是纱线在织物表面呈现重叠状。织物可呈现多色提花或双面效应，且厚度、质量增加	适用于做秋冬季服面料，如织锦缎、软缎、精纺类呢绒等
纱罗组织		由相互扭绞的经纱和平行的纬纱交织而成。由于绞经纱左右扭绞一次在绞纱处呈现较大空隙，形成结构稳定、分布均匀、清晰的孔眼。扭绞一次，织入一根纬线的称纱组织；扭绞一次，织入一根或三根以上奇数根纬线的称罗组织。质地轻薄、透气	适用于做夏季类服装面料，如庐山纱、杭罗等

（四）机（梭）织物的纺、织、染整工艺流程

纺织织物种类繁多。但无论是普通的、简单的织物，还是特殊的、复杂的织物，都要经过一系列的加工工艺过程。因此，必须了解从纤维到服装的全部生产工程。这个工程过程就是把纺织纤维经纺纱加工成纱线，这是纺纱工程；由纱线通过机织或针织成为织物，这是织造工程；再根据一定的要求，把织物染整成为成品纺织织物，这是染整工程。最后再形成纺织品的三大用途，即服装用、装饰用和工业用，一般的比例是 4 ∶ 3 ∶ 3。

1. 纺纱工程

纺纱工程一般包括以下几个工序：

（1）纺前准备

开拆纤维包装，检验原料，选配原料，有些原料需经过洗涤或化学、物理的处理。

（2）开松、混合、除杂

开松、混合、除杂是将纤维块通过各种开松机械打散，松解为小纤维束，同时充分混合，并清除部分较大的杂质。

（3）梳理

梳理是将打散的小纤维束，通过梳理机械分梳成单纤维状态，并清除与纤维附着紧密的杂质，制成纤维条。根据纺纱系统功能，有的纤维还需精梳去除部分短纤维。化学纤维长丝可通过切割或拉断法直接制成纤维条。

以上 3 道工序称之为成条。

（4）并合、牵引

并合、牵引是指经梳理后的纤维条很粗，纤维排列较乱，且呈弯曲状态，需再将纤维条分梳成伸直平行状。一般采用并合几根纤维条，利用牵伸使纤维伸直平行，排列均匀，并将纤维条逐步拉细，先纺成粗纱，再纺成一定细度的细纱。

（5）加捻

加捻是给纱线加扭转捻合。当纤维牵伸至一定细度后，必须及时加捻，以加强纤维间的相互抱合度而形成具有一定强度、弹性和光泽的纱线。从纤维条到粗纱，以牵伸为主，同时加少量捻合，以保证强度需要。从粗纱到细纱，牵伸和加捻的作用都相同。

（6）卷曲

卷曲是将纱线卷绕成规定的形状和容量，防止纱线紊乱，便于后面的加工使用和储存运输。

后 3 道工序称之为成纱。

2. 织造工程

织造工程由织前准备、织造和织坯整理 3 个工序组成。

（1）织前准备工序

织前准备工序的目的是把经纱做成织轴，把纬纱做成纡子。一般可分为以下几个步骤：

①络筒。络筒是把纺厂来的管纱或绞纱绕成容量较大、卷装形式符合退绕要求的筒子纱，同时去除沙线上的杂质和疵点，以提高纱线的质量。所采用的机械称为“络筒机”。

②整经。整经是将络成筒子的纱线，按一定根数和规定长度，平行、片状地卷绕到规定幅宽的整经轴或织轴上，使各根经纱张力一致，以供浆纱、穿经使用。

③浆纱。浆纱是用浆纱机对经纱进行上浆并卷绕成织轴，目的是使一部分浆液浸透到纱线内部，黏合纤维，以增加纱线的弹性和强度；一部分浆液被覆在纱线表面，经烘燥后形成一层粒状薄膜，以增加纱线的光滑度，提高耐磨性、抗拉性，减少断头率。

④穿经。穿经是指把经轴上的待织经纱，根据织物组织的要求，按次序穿入经停片、综丝眼和钢筘的工序。

⑤卷纬。卷纬是把各种卷装形式的经纱重新卷绕成适合于梭腔尺寸和便于织造的卷装形式，并去除纱线上的杂质，同时提高纱的卷绕密度，增加每一管上纱线的长度，以提高生产率。

另外，色织物的织前准备过程中，经、纬纱首先要经过染色，加工成色纱，再进行其他准备工序。

（2）织造工序

织造工序是指将经纬纱按照一定组织和规格交织成织物的过程：经纱由经轴引出，绕过后梁，穿过经停片和综丝眼进入织物形成区，由开口机构与凸轮、踏综杆和综框的运动成为上下两片分开，在幅宽方向形成一个菱形的空间，通常称为“梭口”。然后用各种引纬方式将纬纱引入梭口，借钢筘的作用使纬纱被压向织口，在织物形成区与经纱交织成织物。接着，经轴再度向工作区放送经纱，织成的织物绕过胸梁，由卷布辊引导，绕过导布辊卷于卷布辊上，循环往复，就构成了一块织物。

（3）织坯整理工序

织坯整理工序是织造过程中的最后一道工序，包括检验、修织、清刷、烘燥、折叠、分等和成包等过程。

3. 染整工序

染整工序是纺织纤维材料及其制品加工成印染成品的工艺过程，包括练漂、染色、印花和整理4个部分。

二、针织物

针织物是由一根或一组纱线用织针将纱线弯曲成线圈，并使之相互串套连接而成的片状物体。线圈是针织物构成的基本单元，它决定着织物的外观和特性。

（一）针织物组织的基本概念

1. 线圈纵行

线圈纵行是指线圈沿着纵向连续的行，如图2-5（a）所示。

2. 线圈横列

线圈横列是指线圈沿着横向连接的列，如图 2-5（b）所示。

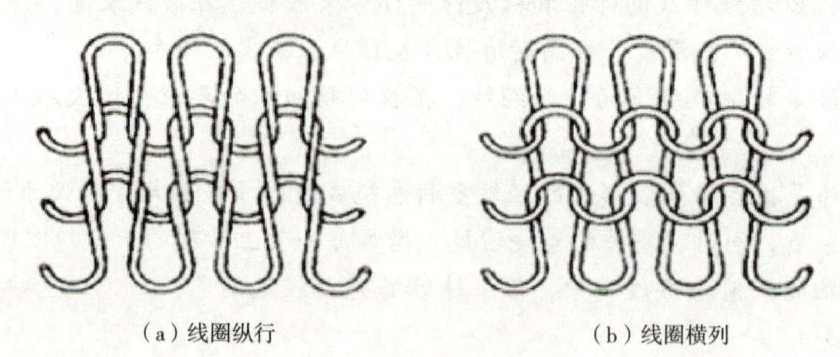

图 2-5　线圈纵行和横列

3. 机号（隔距）

机号（隔距）相当于纬编线圈的数目，用一定长度间的织针数来计数。

（二）针织物的结构特征

第一，针织物具有较强的伸缩与恢复性能，可以满足人体各部位的动作变化需要。织物在穿着过程中，保形性好，且穿脱方便。

第二，质地柔软，手感和穿着舒适，并且针织物的线圈套结之间存在较大的空隙，能加强织物的透气及吸湿性能。针织物的悬挂性能也很好。

第三，针织物的编制密度和纱线捻度较小，在挺括、紧牢度等方面不及机（梭）织物好，因此，针织物多用于紧身织物。某些针织物有一定的脱散性和卷边性，有的针织物还有线圈歪斜现象，容易影响成品的外观和服用效果。

（三）针织物的分类

根据线圈结构形式及其相互间的排列方式，分基本组织、变化组织和花色组织 3 类。根据生产方式不同，可分为经编针织物和纬编针织物两种。经编针织物是由一组（或几组）纵向平行排列的纱线同时沿经向喂入织针而形成的针织物；纬编针织物是由一根（或几根）纱线沿横向顺序逐针形成的针织物。经编针织物与纬编针织物各自又有基本组织和变化组织等类别（见表 2-4）。

表 2-4　常见针织物组织及其特征

组织类别		组织概述	适用范围
经编组织	经平组织	属经编织物中的基本组织。由两个横列组成一个完全组合，每根经纱在相邻两枚织针上交替垫纱成圈的经编组织。由于线圈呈倾斜状，织物具有一定的纵、横向延伸性。织物结构不稳定，当某个线圈断裂并受到外力作用时，织物会脱散分离	宜用于夏季衬衫、内衣面料

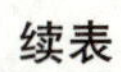

续表

组织类别		组织概述	适用范围
经编组织	经绒组织	属经编变化组织。每根经纱轮流地在相隔两枚针的织针上垫纱成圈而成，为 3 针经平组织。其织物特点是线圈形态平整，横向延伸性较小，抗脱散性优于其他经平组织	可广泛应用于内衣、外套、衬衫等
	经斜组织	每根经纱轮流地在相隔 3 枚针的织针上垫纱成圈而成，为 4 根经平变化组织。除具有经绒组织的特点外，其横向延伸性更小，且其延展线外观有如纬平针织物的线圈圈柱，故常将其反面朝外使用	广泛应用在外衣上
	经缎组织	经编针织物的基本组织。每根经纱顺序地在 3 枚或 3 枚以上的织针上垫纱成圈，然后再顺序地返回原来的纵行，如此循环而成。织物也易脱散，但不会造成分离，与其他组织复合，可得到一定的花纹效果	可用于外衣面料
	编链组织	每根经纱始终在同一织针上垫纱成圈的经编基本组织，每根经纱单独形成一个线圈纵行，纵向延伸性较小，常与其他组织复合，以限制织物纵向延伸性和提高织物尺寸稳定性	常用于外衣和衬衫面料
纬编组织	衬垫组织	由一根或几根衬垫纱线按一定间隔在线圈上形成不封闭的圈弧，在其余的线圈上呈浮线状，停留在织物的反面。其织物特征是保暖性、保形性好	如绒布可应用于内衣、外衣裤等
	纬平组织	是针织物中结构最简单的一种，由连续的单元线圈按单一方向相互串套而成。正反面具有不同的外观，正面呈现纵向条纹，反面呈现横向圈弧。织物表面平整，透气性好，纵横向有较好的延伸能力，但稳定性差，易脱散、卷边	典型织物如汗布，适用于做内衣
	罗纹组织	是双面纬编针织物的基本组织，由正面线圈纵行和反面线圈纵行以一定组合相间配置而成的，正反面都呈现正面线圈的外观。其织物特点是横向弹性和延伸性较大，且不卷边也不易脱散	常用于有弹性要求的服装上，如弹力衫、运动衣、袖口、领口、下摆等
	添纱组织	属纬编织物中的花色组织。全部或部分线圈是由两根或两根以上纱线形成的，地纱线圈在反面，添纱线圈在正面，采用不同纤维或色彩的纱线，可使织物正反面具有不同的性能和外观。其织物特点是尺寸稳定且抗皱，较吸湿、透气，穿着舒适	可用于外衣面料
	毛圈组织	属纬编织物中的花色组织。是以一种纱线编织地组织线圈、另一种纱线编织毛圈线圈的组织，有素色与花色、单面与双面之分。其织物特征是手感柔软、质地厚实，吸湿与保暖性优良	经剪毛等整理后可织成绒类织物，可用于织睡衣、浴衣等
	提花组织	属纬编织物中的花色组织。按照花纹要求，纱线垫放在相应织针上编制而成。在不成圈处，纱线呈浮线状留在织物反面。利用彩色纱线编制时，不同颜色的线圈在织物表面形成图案、花纹。织物有单面与双面之分，其横向延伸性较小，结构较稳定	可适用于外衣面料和毛衫
	集圈变化	属纬编织物中的花色组织。由拉长某个线圈的弧构成。其花色较多，利用线圈的排列和使用不同色彩的纱线，可使织物表面产生图案、闪色、孔眼及凹凸等效应。其织物厚实，结构稳定，但易抽丝	广泛应用于内、外衣面料

续表

组织类别		组织概述	适用范围
纬编组织	双罗纹组织	是双面纬编变化组织的一种。由两个罗纹组织复合而成，即在一个罗纹组织线圈纵行之间配置另一个罗纹组织的线圈纵行。织物的两面都呈现正面线圈。其织物厚实、柔软、保暖性好，结构较稳定	可广泛应用于内衣、运动衫裤、背心等
	双反面组织	是由正面线圈横列和反面横列以一定的组合相互交叉配置而成的纬编组织。在自然状态下，组织的正反面都呈现反面线圈，将正面线圈全覆盖着。其织物比较厚实，且具有弹性和横向延伸性相近的特点，不易卷边。不同组合的反面组织可产生卷边和横凸条效应	适用于婴儿服装、袜子、手套、毛衫等

（四）针织物的发展

随着针织物越来越向外穿化发展，其在服装业中所占的比例越来越大。如果包括毛衫在内，针织物和机（梭）织物的比例少则 15% ~ 20%，多则 30% ~ 60%。

传统的针织物已经和麻、丝、毛、化纤进行交织、混纺、复合，织成超细、异型纤维，涤盖棉，丝盖棉和包芯纱等，改善了针织物的性能，解决了保形性差和服装不挺括的现象。

绒、丝、棉、涤等针织物广泛使用在成人和儿童服装上，前途广阔。针织和毛衫已经形成了五彩缤纷的针织品市场，特别是氨纶弹性针织物广泛地应用在运动服和生活服装上，已经形成一个以高强度、高弹性、低克重、不透明为特点的“弹性革命”的时代。因为，紧身、轻薄能给人体以最小的疲劳感，使人产生最大的舒适感，这是针织物的最大优势。

第三节 非织造布

一、非织造布的概念

非织造布是指直接由纤维、纱线经机械或化学加工，使之黏合或结合而成的薄片状或毛毡状结构物。

二、非织造布的发展

以往的纺织品一直是将纤维原料初加工后，经过纺纱和织布形成坯布，再经染整等工序制成所需产品。在古代，人们已能够在将各种兽毛铺层后，经过机械压力或粗糙的缝合，制成片状产品，这就是最古老的非织造布雏形。

1942 年，美国一家公司首次生产出数千码非织造布，并冠以“nonwoven fabric”（无纺布）的名称。我国称之为“非织造布”（1984 年由国家纺织工业部按产品特性定名）。而“无纺布”或“无纺织布”的名称是欠妥的，因为大部分非织造布都离不开“纺”。非织造布如图 2–6 所示。

非织造布产量高，成本低，适用范围较广，故近几年发展较快，同时，许多新型非织造布生产技术也得以发展和商品化。化学工业的发展，特别是塑料、合成高聚物和化学纤维的出现，性能优良的新型纤维和黏合剂的开发，生产非织造布的新型设备的问世，新技术、新工艺的不断产生，都使非织造布的应用领域与日俱增。

图 2–6 非织造布

三、非织造布的特点

① 非织造布从整个产品系统来说是介于传统纺织品、塑料、纸张三者之间的新型材料，其特点是流程短、成本低、产量高。

② 非织造布采用的原料种类较多，除纺织纤维外，还包括传统纺织工艺难以使用的原料，如纺织下脚料、玻璃纤维、金属纤维、碳纤维等，可根据成品要求选用。

③ 非织造布的生产工艺灵活多样，决定了它的外观、结构、性能、用途的多元化。薄型号产品每平方米只有十几克，而厚型产品每平方米可达数千克；柔软的酷似丝绸，坚硬的可比木板。部分非织造布的规格、用途和加工方法，见表 2–5。

表 2–5　部分非织造布的规格、用途和加工方法

品种	单位面积质量 /（g·m^{-2}）	幅宽 /mm	纤维原料	适用范围	加工工艺
定型絮片	150 ~ 450	1 000 ~ 2 200	涤纶 / 丙纶	滑雪衫、手套、服装肩衬	热熔黏合
喷胶棉	150 ~ 450	2 200	三维卷曲涤纶	滑雪衫、手套、服装肩衬	化学黏合剂黏合
热熔衬底布	35 ~ 80	900 ~ 1 100	涤纶	西服衬、领衬	热熔与化学黏合剂黏合
缝编织物	110 ~ 290	1 000 ~ 2 400	粘胶纤维、涤纶、涤纶低弹丝	服装面料	纤网型、纱网型
仿粘片长丝	20 ~ 100（薄） 101 ~ 500（厚）	1 600 ~ 3 200	丙纶、涤纶、聚乙烯纤维	内衣、衬布、手套、工作服等	热轧、针刺

四、非织造布的基本结构

非织造布的基本结构主要有纤维网结构与纱线型缝编结构两种。

（一）纤维网结构

按纤维网中大多数纤维在其结构中的取向趋势，可分为纤维平行排列、纤维横向排列和纤维杂乱排列。

在纤维网结构中，为了增加纤维网结构的强度，必须对纤维网进行加固。纤维网结构的加固可分为以下几种：

1. 部分纤维得到加固

这种加固法通常采用机械方式，如针刺法、射流喷网法等。它通过纤维之间的相互缠结（也称“纤维交织”）而达到加固，纤维大多以纤维束的形态进行缠结。

（1）针刺法

针刺法是指用三角形横截面且棱上带针钩的针，反复对纤维网穿刺。在针刺入纤维网时，针钩就带着一些纤维穿透纤维网，使纤维网中的纤维相互缠结而达到加固目的。此方法在服装材料中多用来生产合成革底布等厚型的非织造布。

（2）射流喷射法

射流喷射法是指利用多个极细的高压水流对纤维网进行喷射水流，类似于针刺穿过纤维网，使纤维网中的纤维相互缠结，获得加固作用。水射流束可按花纹排，以使产品产生花纹效应。所得织物的强度较低，可做装饰材料。

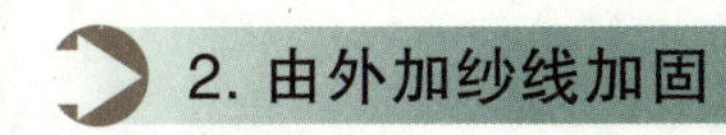

2. 由外加纱线加固

由另外的纱线所形成的经编线圈结构来进行加固。线圈结构和纤维网纤维有明显的分界，由线圈形成的几何结构可以使纤维网保持稳定。此外，将沿经纬方向相交铺置的纱线层，或只是沿经向平行铺置的纱线层，加入纤维网中，再通过黏合剂的作用，使整个结构稳定。

3. 由黏合剂或热粘作用加固

用黏合剂或热粘作用使纤维网中的纤维相互黏合，达到加固的目的。纤维网通过存有黏合剂的浸渍槽，再经干燥、焙烘，纤维与纤维间便产生结合力。所得产品蓬松度好，富有弹性，可做薄型服装的衬料。

这是一种典型的结构，在非织造布中占有相当大的比例。另外，根据黏合剂的类型和加工方法，又可分为点黏合、片膜状黏合、团块黏合、局部黏合等。

（二）纱线型缝编结构

用缝编纱线按经编针织成圈的方法使纤维网得到加固，所制的织物比较粗厚，常用作保暖材料，如衬垫等。近年来已用于童装和女装。纱线型缝编结构分纱线型－缝编纱型缝编结构、纱线型－毛圈型缝编结构两种，在外观和特性上接近传统的机（梭）织物或针织物，而不像黏合法非织造布的那种典型的纤维网外观结构，广泛应用于服装布料和人造毛皮、衬绒等。

1. 纱线层－缝编纱型缝编结构

该结构的纱线层可由纬纱层或经、纬纱层组成。缝编纱在缝编区按经平组织进行编织，将经纬纱层制成整体的非织造布。该织物有良好的尺寸稳定性和较高的强力。

2. 纱线型－毛圈型缝编结构

纬纱由铺纬装置折叠成网，为缝编纱形成的编链组织所加固。毛圈纱在缝编区中进行分段衬纬，并不形成线圈，而在布面上呈隆起的毛圈状。

第四节 特殊工艺织物

一、机（梭）织针织联合织物

机（梭）织针织联合织物是由机（梭）织组织和针织组织联合而成的织物。机（梭）织物的经纱分成许多组，组与组之间留有空隙，以容纳构成经编针织物线圈的经编纱。构成机（梭）织物的经纱开口后，摆纱杆左右摆动，通过导纱眼把经编针织纱引入通道，并垫在相应的舌针上；舌针则把相邻纱线以线圈串套的形式相连接。这种联合织物具有条纹外观，并有机（梭）织物和针织物的双重特性。

二、编织物

编织物在服装中常作装饰用。它是由 3 根以上平行的纱线，从一端开始以螺旋方式相互交叉编制而成，分扁形与圆形两种，通常也包括双向编织和手工钩针编织（如图 2–7 所示）。

三、植绒织物

植绒织物是指将切短的天然或合成纤维固结在涂有黏合剂的底布上，从而形成具有细密绒面效果的织物（如图 2–8 所示）。

图 2–7 编织物

图 2–8 植绒织物

植绒织物最常见的是静电植绒。即以机织布、针织布或非织造布为底布，涂以黏合剂，然后放入静电植绒室，在高压静电场的作用下，植绒室中的短纤维作为介质材料被强电场极化，并受到极板的吸引，当绒毛挺直时，植于涂有黏合剂的底布上。经远红外线的预干燥及高温固化，使短纤维与底布紧密结合，最后经刷绒整理得到绒面丰满的植绒织物。

黏合剂涂布方法有两种，一种是采用刮涂的方法，将黏合剂均匀地涂在底布上，所得最终成品为素色植绒布；另一种是用网印或雕刻滚筒，将黏合剂按设计花纹印在底布上，使成品形成富有立体感的花纹。

植绒织物所用纤维较短，其长度一般为 0.2~5 mm，粗细为 2~5 D，如纤维粗细长度不同，则最终形成的风格也不同。通常把细而短的纤维用来织制仿麂皮织物，粗而长的纤维用来织制地毯等装饰品。

植绒织物具有风格多样、保暖性好的特征，缺点是耐洗性较差，上肘部易产生极光。

四、刺绣品

刺绣品（如图 2–9 所示）是按绣料（底布）上预制的花纹图案稿，用绣针引线穿刺，用针线缝迹构成花型的织物，刺绣又名“绣花”“针绣”。中国的刺绣工艺历史十分悠久。

五、烂花织物

烂花织物（如图 2–10 所示）是指经烂花工艺处理，表面具有凹凸感的织物。烂花织物是将耐酸合成纤维（丙纶）与不耐酸纤维（棉、黏胶）制成包芯纱或混纺纱，并织成平布。然后按设计花形印上酸性浆料。印浆料处，不耐酸纤维如人造丝和棉则遇酸炭化而脱落，经清洗仅留合成纤维，轻薄透明如蝉翼；而未印浆料处则保持原有外观，这样，织物表面就形成了轮廓清晰、立体感强的凹凸状花纹图案。

图 2–9　刺绣品

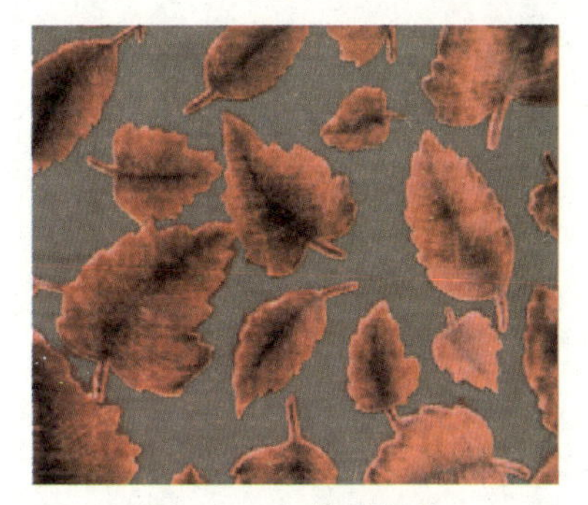

图 2–10　烂花织物

烂花织物的品种较多，按纱线结构可分为：

1. 全包芯纱烂花布

全包芯纱烂花布即经、纬纱都采用全纤长丝为芯，外包棉或粘胶短纤维的包芯纱。

2. 半包芯纱烂花布

半包芯纱烂花布即采用涤与棉、涤与粘胶纤维混纺纱为经，涤、棉或涤、粘胶纤维的包芯纱为纬，织制而成。

3. 混纺纱烂花布

混纺纱烂花布即经纬纱皆采用涤与棉或涤与粘胶纤维混纺纱。

混纺纱烂花布成本较低，但花纹凹凸感及烂花部分的透明度不及前两种。此外，丝织上还有以桑蚕丝或锦纶丝为地经地纬，以有光粘胶丝为绒经，织成双层丝绒，再经割线、剪绒、烂花处理得到的烂花丝绒，其花纹立体感很强。

烂花织物具有手感挺爽、弹性丰富、外观高雅、花纹别致的特点，可广泛应用于男女衬衫、裙料、童装及礼服等。

第五节 织物的服用性能

织物的服用性能与加工性能是判断和选择织物好坏的依据，关系到服装功能和服装款式的体现以及最终的穿着效果，也关系到使用、洗涤、熨烫等方面的问题。

一、织物的服用性能及其影响因素

服装在穿着和使用过程中，会反映出其材料特有的性能：舒适感、保形性、收缩性、坚牢度、色牢度、洗涤性、熨烫性。这些都是服装织物服用性能的具体体现。

织物的服用性能包括舒适性、耐用性和外观性。纤维性质、纱线结构、织物组织以及加工整理等方面是决定织物服用性能的主要因素。

（一）纤维的性质

不同纤维的原有性质对织物的服用性能起着很重要的影响。如棉纤维与涤纤维之间，由于分子结构的不同，在吸湿性、弹性方面就存在着巨大的差别：棉纤维的吸湿性优良，但弹性差，褶皱不易恢复；而涤纶纤维的吸湿性极差，但其弹性好，褶皱恢复快。纤维的某些性能可通过加工处理予以改善、提高，如改变纤维的横截面形态，可提高吸湿性能。

（二）纱线的结构

相同原料的纱线，会因为细度、均匀度、捻向、混纺比例等因素的不同，使织物在服用性能上产生较大的差异。如低特高捻度纱线的织物，光洁、滑爽、硬挺；而高特低捻度织品则温暖、柔软。混纺纱线中各种纤维的混纺比决定着织物主要性能的侧重面。如涤 / 棉混纺纱，若涤占的比例大于棉，则其织物性能侧重于涤纶纤维，光滑、挺括、透气略差、不易褶皱、坚牢；反之，其织物暗淡、柔软、较透气、抗皱性差。

（三）织物的组织

织物的组织内，经纬纱的交织次数影响着织物的光泽、手感和耐磨性等。如平纹组织交织次数最多，则其织物耐磨性好；缎纹组织浮线长而多，其织物光滑、明亮、柔软、不易皱褶，但耐磨性不良，易钩毛、破损等。还可以通过改变织物的组织结构来调节织物的透气性、保暖性、坚牢度等。

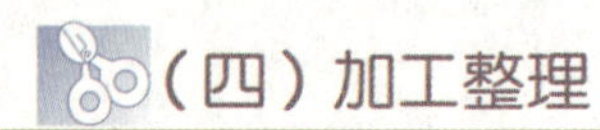

（四）加工整理

从纺纱、织造到印染整理再到制作，每一道工序对织物性能都有影响。如可以通过对织物进行不同的造型手法，如抽褶、斜裁等，使服装产生不同的美感效应，以增强服装的外观性。

二、织物的服用性能指标

通常织物的服用性能优劣，由其穿着的舒适性、耐用性以及穿着的美观性等方面来衡量。

（一）舒适性

舒适性是服装织物为满足人体生理卫生需要所必须具备的性能。主要的舒适性指标如下：

1. 通透性

通透性包括织物的透气、透湿、透水性与防水性等方面。

（1）透气性

从卫生学角度要求而言，透气性对人体非常重要。如夏季服装织物应有较好的透气性，来满足人体热量的散发，使人感觉凉爽舒适；冬季服装织物的透气性应该小，防止人体热量散失过快，提高保暖功能。

大多数异型截面纤维的织物透气性比圆形纤维的织物要好；一般针织物比机织物的透气性要好；压缩弹性好的纤维，其织物透气性也好。

（2）透湿性

织物的透湿性与纤维的吸湿性密切相关。吸湿性好的天然纤维和人造纤维织物，都具有较好的透湿性或叫透气性。如苎麻织物吸湿高且吸、放湿度速度快，所以，此类织物透湿性优良。合成纤维吸湿性都较差，故其织物的透湿性一般都较差。但可通过与天然纤维混纺，加以改善。纱线结构疏松或纱线经向分布中吸湿性好的纤维向外层转移的织物透湿性较好。如涤棉包芯，由于棉纤维包覆于纱线外层，有利于吸湿，因此，此类织物的透湿性能比普通涤棉混纺织物要好。

另外，改变织物的组织结构、降低纱线细度和织物密度，可提高透湿性。织物经整理后对透湿性有影响。棉粘织物经树脂整理后，透湿性下降；织物表面涂以吸湿层后，透湿性也将明显增强。

（3）透水性与防水性

透水性与防水性是两种相反的性能，织造时要根据织物的不同用途来决定其性能要求。如工业滤布等要求有一定的透水性；服装织物如不具备防水性，则会过量吸湿，热传导能力过强，导致体热散发过快，引起身体不舒适；雨衣、帐篷等织物则要求具有极强的防水性能。

吸湿性较好的纤维织物，其透水性一般都较好，如普通真丝、纯棉织物。而纤维表面存在的蜡质、油脂等可产生一定的防水性。织物组织紧密者，防水性好，如卡其、华达呢等织物密度较大，防水性强，可用于制作风雨衣。通常防水性越强，其透气、透湿性越差。

2. 吸湿性

吸湿性强的织物能及时吸收人体排出的汗液，起到散热和调节人体体温的作用，使人感觉舒适。

纺织纤维吸湿性能从大到小的顺序为：羊毛、粘胶纤维、苎麻、亚麻、棉、蚕丝、维纶、锦纶、腈纶、涤纶、丙纶、氯纶。

吸湿性的能力大小还与织物的组织结构有关，组织较疏松的织物，水分子易从间隙中透过，能提高吸湿性能。一般来说，高密度的涤纶、腈纶和锦纶织物不适宜制作内衣和夏季服装。

3. 保暖性

在冬季寒冷天气的环境下，如果织物的保暖性较差，会使体热大量散失，一旦超过人体承受的极限，就会严重损害人体的健康。因此，冬季服装及低湿环境的工作服、运动服的保暖性能非常重要。织物的保暖性包括以下 3 个方面：

（1）导热性

影响织物导热的因素主要是纤维的导热系数、含气量和织物的结构形态。

① 导热系数。导热系数是衡量纤维导热性的指标之一，导热系数越大，热传递性能就越好，相反，织物的保暖性能就越差。常见纤维中，锦纶、丙纶的导热系数大，其保暖性也差；羊毛、腈纶的导热系数较低，其保暖性较好。

② 含气量。静态空气的导热系数最小，是热的最好绝缘体。因而，当空气处于静止状态时，织物内含气量大，保暖性也最好。较细的纤维，体表面积大，静止空气层的表面积也大，故绝热性好，如羽绒；中空纤维内部含有较多静止空气，导热性小，如棉、中空腈纶；具有卷曲形态的纤维，纤维间空隙多，含气量大，如羊毛、羊绒。

③ 织物的结构形态。密度较大的织物，热量不易散失，厚织物比薄织物绝热性好，利于保暖。

（2）冷感性

织物与人体皮肤接触时，人体会产生本能的冷热知觉反应。这种反应实质上是在温度不平衡的条件下产生的，即织物与皮肤刚刚接触时，若皮肤温度较高，就会有冷的感觉；反之，就会产生热的感觉。

一般来说，接触面积大、表面光滑的织物，冷感性大；长丝织物，凉爽感强；毛、绒型织物冷感性不明显。色调在人心理上的反应对冷感性也有一定的影响。如黄色、红色、橙色等暖色调会给人一种温暖感；而蓝色、黑色等冷色调，往往会增加其冷感性。

（3）防寒性

防寒性好的织物，能明显地减少气候变化对人体的影响，防止受寒受冻。羽绒、羊毛织物等因吸湿放热量大且吸湿、放湿速率慢，防寒性好，多用作冬季防寒服装。

此外，颜色较深且光泽暗淡的织物，易于吸收阳光热量，可增强保温性能，适宜做冬季类服装；颜色较浅、光泽较明亮的织物，对光的反射性强，适宜做夏季服装，穿着较凉爽。

4. 刚柔性

织物的柔软和硬挺程度称为刚柔性。一般情况下，纤维越细，其织物的柔软性越好；纤维越粗，其织物的硬挺性越明显。如纯棉织物与亚麻织物的刚柔性差异就极为明显。

织物的刚柔性与纤维截面形态有关，异形纤维织物的刚性较圆形纤维织物大。同一纤维原料的纱线，细度细时，织物比较柔软；捻度大时，织物相对硬挺。织物组织也影响着刚柔性的大小，如机织物，交织点越多，浮长越短，经纬纱间相对移动的可能性就越少，越易滑动，织物就越柔软。织物经整理后可改善其刚柔度。如棉、粘胶织物经硬挺整理，其刚柔性可由绵软变得挺括。有些织物则需要进行柔软整理，采用机械揉搓和添加柔软剂，使织物变得柔软。

5. 静电性

当人体活动时，皮肤与织物、织物与织物间相互摩擦，电荷积聚，产生静电。如果在黑暗中穿脱静电性较强的衣服时，能听到“叭叭”声，并看到闪光，这是因为衣服上积聚了电荷，引起了静电的现象。

各种纤维的静电性不同。天然纤维与人造纤维吸湿性好，导电性强，不易产生静电现象，而合成纤维因吸湿性差，特别是涤纶、腈纶、丙纶，几乎不导电，极易产生静电。

静电较强的服装穿着不舒适，当人体活动时，织物包缠某个部位，污染度较重，影响人体健康，并易产生静电火花，增加事故的隐患，因此，需要对一些合成纤维织物进行抗静电处理。

（二）耐用性

服装在穿着过程中，会受到拉伸、摩擦、燃烧、光晒、撕裂等破坏，这些指标的优劣直接关系到织物的使用性能与使用寿命。

1. 强力

织物的强力包括拉伸强力、撕裂强力和顶破强力。

（1）拉伸强力

拉伸强力是指在规定的条件下，沿经向或纬向拉伸到断裂时所能承受的外力。衡量指标有断裂强度和断裂伸长率，织物对拉伸外力的承受性能，不能完全代表织物的使用寿命。

实验证明：高强高伸的织物通常耐用性好，如锦纶、涤纶织物。低强高伸比高强低伸的织物耐度好。在其他条件相同的情况下，平纹组织拉伸性优于斜纹和缎纹组织，非提花组织比提花组织耐用。

（2）撕裂强力

撕裂强力是指在规定的条件下，从经向或纬向撕裂织物所需的外力。撕裂是纱线依次逐根断裂的过程。纱线强力大者，织物耐撕裂，故合成纤维织物的耐撕性能比天然纤维和人造纤维织物要好。织物组织中交织点越多经纬纱越不易滑动，撕裂强力越大。因此，平纹织物撕裂强力较大，缎纹织物最小，树脂整理的棉、粘织物，撕裂强力下降。

（3）顶破强力

织物在与其平面垂直的外力作用下，鼓起扩张而破裂的现象称为顶破。织物随厚度增加，顶破强力明显提高。当经纬密度相差较大时，在强度较弱处易顶破。经纬纱断裂伸长率较大的织物，顶破强力也较大。

2. 耐磨性

织物抵抗与物体摩擦而逐渐引起损坏的性能称为耐磨性。一般以试样反复受磨至破损的摩擦次数表示，或以受磨一定次数后的外观、强力、厚度、质量的变化程度表示。

织物的磨损方式有平磨、折边磨、曲磨、动态磨和翻动磨。如衣服的袖部、裤子的臀部与接触平面的摩擦属平磨；肘部、裤子膝盖与人体的弯曲摩擦属曲磨；袖口、领口、裤口与人体皮肤摩擦属折边磨；人体活动时与服装的摩擦为动态摩擦；洗涤时，织物与水、织物与织物之间的摩擦属翻动磨。

厚形织物耐平磨性能好；薄型织物耐曲磨及折边磨性能好；当织物密度较低时，平纹织物比较耐磨；当密度较高时，缎纹织物较为耐磨；当密度适中时，斜纹织物较为耐磨。织物表面光滑度影响耐磨性。

3. 耐热性

织物在热的作用下，性能不发生变化，其所能承受的最高温度称为耐热性，即对热作用的承受能力。通常指纤维受短时间高温作用，回到常温后，强度能基本或大部分恢复的能力。耐热性和热稳定性差的纤维，其织物在洗涤与熨烫时的温度受到一定限制。

4. 阻燃性和抗熔性

织物阻止燃烧的性能称为阻燃性。棉、麻、粘胶和腈纶属易燃纤维，燃烧迅速；羊毛、蚕丝、锦纶、涤纶等是可燃纤维，但燃烧速度较慢；氯纶比较难燃，与火焰接触时燃烧，离开火焰则自行熄灭。石棉、玻璃纤维是不燃纤维。防火服和地毯等装饰织物就是利用某些织物优良的阻燃性能制成的。

织物接触火星时，抵抗破坏的性能称为抗熔性。天然纤维和粘胶纤维吸湿性好，且分解时所需热量较大，所以抗熔性较好。涤纶、锦纶吸湿性差，且熔隔时所需热量较小，因而抗熔性差，若不注意，火星极易损坏织物，甚至伤害到皮肤。采用与天然纤维或粘胶纤维混纺可改善其抗熔性。

5. 耐日光性

在日光照射下，织物会发生裂解、氧化、强度减弱、变色、耐用性降低等现象。耐日光性就是织物能够抵抗因日光照射而产生的性质变化的性能。如丝织物的耐日光性极差，在日光下纤维会泛黄变脆。

6. 色牢度

织物的色牢度是指染料与织物结合的坚牢程度，以及染料发色基因的化学稳定程度。即在各种外界因素的作用下，若织物能保持原印染色泽或改变程度较轻，表明其色牢度较好。

常见织物颜色的变化情况有褪色、剥色与变色 3 种。

织物上的染料与纤维分离，颜色浓度降低，这种现象称为褪色。剥色又称消色，是指染色分子的发色团受到破坏而不再反映颜色的现象。变色指发色团破坏后，产生新的发色团，引起颜色变化的现象。

织物在印染过程中，要经受化学处理，在穿着过程中要受到日晒、水洗、摩擦、汗渍、熨烫等各种作用的影响，这些情况使不同染料及不同方法印染的各种织物色泽被不同程度地破坏。因而染色牢度需用多方面的指标来衡量，主要有日晒牢度、摩擦牢度、汗渍牢度、洗涤牢度、熨烫牢度及耐酸、碱牢度等。

不同用途的织物，对各项染色牢度指标具有不同的要求。内衣织物要求有较好的洗涤和汗渍牢度；外衣类要求有较好的洗涤、日晒、摩擦牢度。

7. 收缩性

织物在湿、热、洗涤情况下，尺寸会产生收缩现象，影响织物的稳定性和外观效果，耐用性降低。收缩性分缩水性和热收缩性。

(1) 缩水性

织物在常温水中的尺寸收缩称为缩水性。缩水程度以织物缩水率表示。

织物的经、纬向缩水率不一，可引起长度和幅宽尺寸的改变，如有的厚度增加。裁剪前应根据织物的缩水率，预留缩水量，以保证服装尺寸的合适与稳定。

（2）热收缩性

织物受热发生不可逆转的收缩现象称热收缩性，用热收缩率表示。根据加热介质不同，有沸水收缩、热空气和饱和蒸汽收缩及熨烫收缩。合成纤维及以合成纤维为主的混纺织物均有热收缩性，故洗涤和熨烫时要掌握适当温度。热收缩性过大会影响织物的尺寸稳定，织物最好没有热收缩性，即使收缩，也要尽可能小而均匀。

（三）美观性

织物的美观性能决定于其抗皱褶性、免烫性、悬垂性、抗起毛起球性等，影响穿着的外观效果。

1. 抗皱褶性

织物的抗皱褶性即织物抵抗折皱变形的能力，它直接影响织物的好坏。弹性回复率高的纤维，抗皱褶性好，其织物不易皱褶，即使起皱，也可以在短时间回复。涤纶纤维抗皱褶性好，与棉、粘胶纤维、麻等混纺可改变织物的抗皱褶性。锦纶纤维弹性回复率虽较大，但皱褶恢复时间长，织物不挺括，不适宜做外衣面料。

各种纤维织物中，涤纶、丙纶、羊毛织物抗皱褶性优良；醋酯、腈纶织物抗皱褶性一般；粘胶、亚麻、维纶、氯纶织物抗皱褶性较差；缎纹组织的抗皱褶性优于平纹组织；纱线捻度适中的织物，抗皱褶性较好。混纺织物的抗皱褶性取决于各种纤维所占的比例。

2. 免烫性

免烫性又称洗可穿性，指织物洗涤后不需熨烫整理，仍能保持平整状态，且形态稳定的性能。洗可穿性直接影响织物洗后的外观性。

一般来说，合成纤维的洗可穿性都比较好，其中以涤纶织物的洗可穿性最好。天然纤维和人造纤维吸湿性较大，下水收缩明显，且干燥缓慢，织物形态稳定性不良，因而洗后表面不平整，折痕明显，必须经熨烫整理后，才能恢复洗涤前的平挺外观。树脂整理对棉、粘织物的洗可穿性能可起到改善作用。天然纤维与合成纤维混纺将有助于提高洗可穿性，织物稍加熨烫即可恢复平整挺括的外观。

3. 悬垂性

悬垂性是织物在自然悬垂状态下，受自身重量及刚柔程度等影响而表现的下垂特性。某些服装要求具有较好的悬垂性，如风衣、西服、礼服等。织物的悬垂性对服装的造型十分重要，能充分显示出曲线和曲面的美感，特别是外衣类和礼服类面料。

悬垂性与纤维刚柔性关系很大。麻纤维刚性大，悬垂性不佳；而蚕丝、羊毛较柔软，悬垂性能佳。

4. 抗起毛起球性

织物在穿着和洗涤的过程中，不断受到摩擦和揉搓等外力的作用，使纤维末梢露出织物表面，呈现出毛茸，这一过程称为“起毛”，若这些毛茸不及时脱落，继续摩擦，则形成相互结缠成球状的现象，叫作“起球”。织物起毛起球会影响织物外观和耐磨性，降低服用性能，导致无法穿着。

织物起毛起球与纤维性质、纱线性状、织物结构、染整加工及服用条件有关。

（四）新功能性服装材料

保健服装材料

（1）微元生化纤维

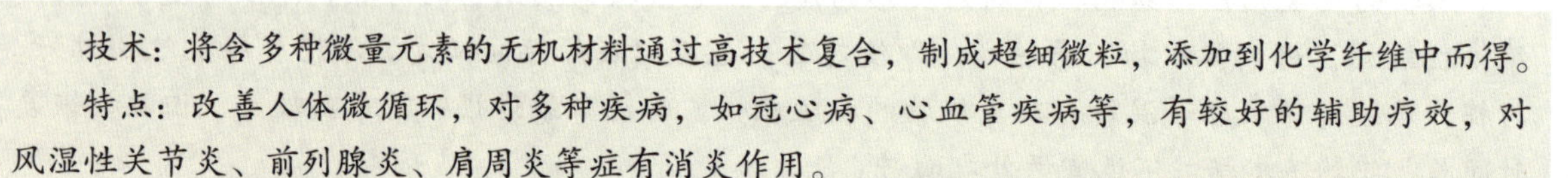

技术：将含多种微量元素的无机材料通过高技术复合，制成超细微粒，添加到化学纤维中而得。

特点：改善人体微循环，对多种疾病，如冠心病、心血管疾病等，有较好的辅助疗效，对风湿性关节炎、前列腺炎、肩周炎等症有消炎作用。

应用：各类贴身衣物、床上用品等。

（2）远红外线保温保健织物

技术：将陶瓷粉末或钛元素等红外剂添加入纤维。

特点：远红外线渗透于人体皮肤深部，产生体感升温效果，起保温保健作用。

应用：保健内衣、袜子、被单、远红外护肘、护膝、鞋垫等。

第三章　服用织物的特征及其适用性

知识目标

了解各类服装织物的特性。

技能目标

掌握机织物的鉴别分析方法。

情感目标

培养学生灵活运用服装织物的特性去设计服装，提升款式审视分析与调控能力，达到举一反三的技能。

服用织物的特征及其适用性

思维导图

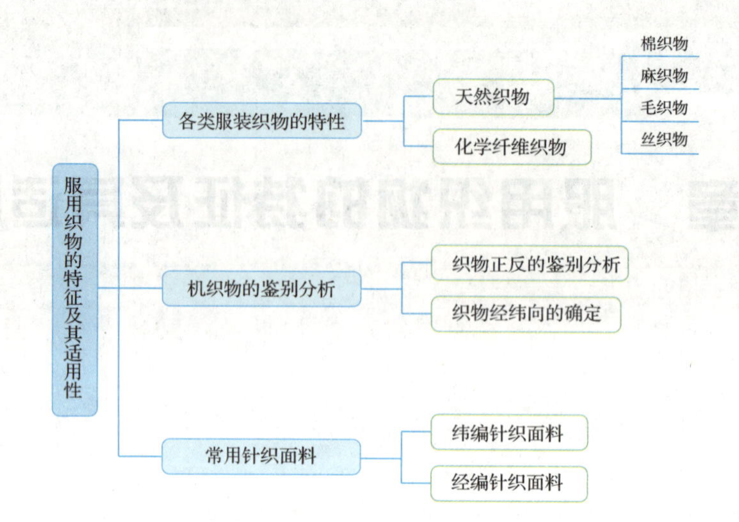

服用织物的种类繁多，本章就常见传统织物品种的风格、性能特点及对服装的适用性进行简单介绍。

第一节 棉织物

棉织物又称作棉布，是以棉纱为原料织造的织物。棉织物的特点是手感柔软、穿着舒适，因此受到消费者的喜爱。同时，棉织物也是服装材料中使用非常多的一类织物。

一、棉织物主要的服用性能特点

① 棉纤维细且吸湿性好，具有良好的贴身穿着舒适性。
② 棉织物强度较好，手感柔软，但抗皱性差，经树脂整理可提高其抗皱性和服装的保形性。
③ 棉织物耐碱不耐酸。
④ 棉织物不易被虫蛀，但易发霉。

二、棉织物的主要品种

(一) 平布（如图 3-1 所示）

图 3-1 平布

组织：平纹。

线密度：粗平布 32 tex 以上；
中平布 21 ~ 32 tex；
细平布 21 tex 以下。

紧度：经向紧度 E_j=45% ~ 55%；
纬向紧度 E_w=45% ~ 55%；
总紧度 E_z=60% ~ 80%。

平布外观平整，手感柔软且光滑，表面均匀丰满。其中，细平布轻薄且平滑，手感柔软，表面杂质少，多用于加工染色布与印花布，主要用作衬衫面料及夏季的服装用料，此外，细平布还可用于加工手帕、绣品等；粗平布质地粗糙、面料厚实，坚韧耐穿，可用于制作夹克、裤装等，也常用作服装的软衬；中平布介于细平布与粗平布之间。

（二）府绸（如图 3-2 所示）

组织：平纹、平纹地小提花。

线密度：19 tex 以下，单纱或股线。

紧度：经向紧度 E_j=65% ~ 80%；

纬向紧度 E_w=40% ~ 50%；

总紧度 E_z=75% ~ 90%。

图 3-2　府绸

府绸是棉布中的一种，其特点是布面均匀、织纹清晰、布身挺括、手感柔软。府绸与细布相比，经向较紧密，经、纬向紧度比为 5 : 3，因此，府绸表面呈现由经纱构成的饱满的菱形颗粒纹。

府绸以经纬使用的单纱或股线而论，分为纱府绸、线府绸和半线府绸；以纺纱工艺不同可以分为普通府绸、半精梳府绸和精梳府绸；以织造花式不同可以分为隐条隐格府绸、锻条锻格府绸和提花府绸等；以印染加工方式不同可分为色织府绸、漂白府绸、染色府绸和印花府绸等；以纤维原料不同可以分为全棉府绸和涤棉府绸等。

府绸更适用于衬衫、裤子、夹克、外衣等服装制作，经树脂及表面涂层处理过的府绸，广泛应用于羽绒服装面料和防雨服装面料等；某些府绸经过特殊处理还可具有防水、免烫、防缩等功能。

（三）斜纹布（如图 3-3 所示）

组织：2/1 斜纹。

线密度：粗平布 32 tex 以上；

细平布 32 tex 以下。

紧度：经向紧度 E_j=65% ~ 70%；

纬向紧度 E_w=40% ~ 55%；

总紧度 E_z=75% ~ 90%。

图 3-3　斜纹布

斜纹布是由单纱织造而成的。正面斜纹效果较明显，呈 45° 左斜；反面斜纹效果则不甚清晰。斜纹布按使用纱线的细度不同可分为粗斜纹布和细斜纹布。

斜纹布质地紧密且厚实，手感柔软，吸湿、透气性好。斜纹布有本色、漂白和染色多种，常用作制服、运动服、睡衣等服装面料，也可做运动服的夹里和服装的衬垫料。

（四）卡其

组织：2/1、3/1、2/2 斜纹。

线密度：单纱 16 ~ 58.3 tex；

股线 7.5 tex × 2 ~ 24 tex × 2。

紧度：经向紧度 E_j=80% ~ 110%；

纬向紧度 E_w=50% ~ 60%；

总紧度 E_z=90% 以上。

卡其是棉织物中斜纹组织的一个重要品种，布面斜纹清晰，斜纹角度为 70° 左右，织物结构紧密厚实、坚牢耐磨、平整挺括。其品种分为双面卡、单面卡、纱卡、线卡（包括半线卡和全线卡）等多种。双面卡采用二上二下斜纹组织，结构紧密，正反面斜纹纹路都很明显，手感较硬；单面卡一般采用三上一下或二上一下的斜纹组织，经纬密度大，正面斜纹纹路明显；纱卡的经纬都采用单纱，且用左斜纹；半线卡的经纱用股线、纬纱用单纱，组织为右斜纹；全线卡的经纬均为股线、组织为右斜纹。

卡其的种类繁多，有涤/棉卡其、棉梳卡其、磨绒卡其、水洗卡其、免烫卡其等。

（五）绒布（如图 3-4 所示）

组织：平纹、斜纹。

线密度：24 ~ 72 tex。

紧度：经向紧度 E_j=30% ~ 50%；

纬向紧度 E_w=40% ~ 70%；

总紧度 E_z=60% 以上。

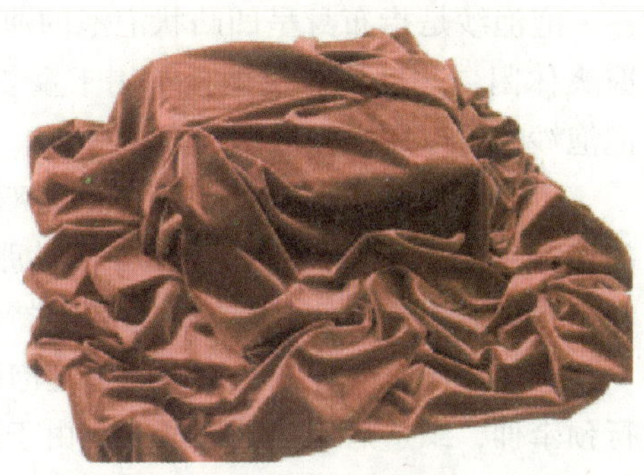

图 3-4　绒布

绒布是指织物表面由纤维形成绒毛，可分为单面和双面绒布。坯织物经过拉绒或磨绒整理，将纱线中部分纤维拉出，从而形成蓬松的纤维绒毛。一般纬纱较粗，捻度较小，利于绒毛拉出。

绒布表面柔软丰润，温暖度较好，吸湿透气性好且穿着舒适，适用于做冬季内衣、睡衣等服装面料。

（六）灯芯绒（如图 3-5 所示）

组织：纬二重。

线密度：经纱 28 ~ 36 tex 或 14 tex × 2 ~ 28 tex × 2；

纬纱 28 ~ 36 tex。

紧度：232 根 /10 cm × 669 根 /10 cm。

图 3-5　灯芯绒

灯芯绒又称为条绒，是纬起绒织物，是用纬起毛组织织造而成。灯芯绒织造时，每 6 根纬纱中有两根纬纱与经纱交织成地纹，其余 4 根纬纱均供割绒用。绒纬与地经构成的纬组织点，浮出布面较长，经割绒机割绒、刷毛和染整工艺，即成耸立的绒。绒条分宽条、中条、细条和特细条。

灯芯绒的优点有手感柔软、绒条圆润、纹路清晰丰满等，穿着时大都是毛绒接触外界，地组织很少磨损，所以穿着牢度比一般棉织物要好。由于其固有的特点和色泽，可制成各类男女服装及服饰用品，成为男女老少四季皆宜的服装面料，用途非常广泛。

（七）麻纱

组织：2/1 纬重平。

线密度：18 ~ 36 tex。

紧度：经向紧度：E_j=40% ~ 50%；

纬向紧度：E_w=45% ~ 55%；

总紧度：E_z=60% 以上。

麻纱常采用变化平纹组织——纬重平组织，经纱捻度高 10% 左右，可以使织物挺而爽；经纱和纬纱的捻向相同，使织物表面条纹清晰。麻纱布面经向纹路清晰，凉爽透气，因此穿着不贴身，是夏季服装的理想面料之一。麻纱采用纯棉纱或者棉混纺纱织造而成，如涤 / 棉、涤 / 麻等。麻纱按组织结构可分为普通麻纱和花式麻纱。花式麻纱是利用组织的变化或经纱线密度与排列的变化而织造成的。麻纱有漂白、染色、印花、提花等品种。

（八）泡泡纱

泡泡纱是指布身呈凹凸状泡泡的薄型棉织物。泡泡纱穿着舒适且透气性好，布面富有立体感，凉爽休闲，洗后不需熨烫，常用于童装、女衫、衣裙、睡衣裙等服装的制作，用较粗纱线织造的泡泡纱还可以用来做床罩、窗帘等。

色织泡泡纱最经典的织制方法是双轴织造，即织造时采用地经和泡经两个不同的经轴，泡经的送经度比地经快约 30%，由于经纱张力的不同，织出的坯布形成条纹状的凹凸泡泡，再经松式整理，即成泡泡纱，其立体效果可保持永久不变。

此外，还有两种方法可以织造泡泡纱：一是利用高收缩丝与棉纱交替排列，织造前高收缩丝进行预牵伸，织造后用热处理加工，由于两种纤维受热收缩率不同，而使布身形成凹凸状的泡泡；二是化学方法，用化学试剂使部分织物收缩，形成泡泡的立体形状。

（九）牛津布（如图 3-6 所示）

牛津布是采用色纱做经，白纱做纬，线密度 29~13 tex，采用平纹或平纹变化组织，经度大于纬度；线密度较小时，经纬纱可用 2~3 根并列以织出独特的风格。其主要特点是手感柔软、布面气孔多、保形性好且穿着舒适，适用于男衬衫、两用衫、女套裙及衬裤、童装等服装的制作。

图 3-6　牛津布

（十）纱罗

纱罗是色织物中很特殊的一类织物，经纱与经纱通过摆综发生扭绞，在织物表面形成清晰、纤细的绞孔。纱罗一般采用线密度为 14.5 tex 或 7.5 tex × 2 以下的低特纱做经纬纱，密度较稀。纱罗具有轻薄、透气性好、穿着舒适、悬垂性好等优点，适用于夏季女裙、衬衫、贴身内衣及日本夏季和服等服装的制作。较粗的、色彩鲜艳的纱线做绞经可以用于装饰用的纱罗。

（十一）牛仔布（如图 3-7 所示）

牛仔布是色经白纬的斜织物，经纱的颜色多是靛蓝色。牛仔布具有穿着贴身、灵巧舒适，耐磨性好等优点，适用于运动和日常生活的穿着，深受消费者的喜爱。

牛仔布适用于男女各类服装的制作，在原料的使用、织物的质量、外观的效果等方面发生了很大的变化。原料从棉扩展为棉与黏胶纤维、丝、氨纶、天丝等的混纺，织

图 3-7　牛仔布

物的质量从单一的厚重转变为从轻到重的系列化，最轻薄的能做 184 g/m^2（6 oz/yd^2）以下，外观效果依赖于后整理和用色等，如石墨、水洗、酶洗、仿旧等后整理。

（十二）条格布（如图 3-8 所示）

条格布是指花型为条子或格子的色织物的统称。条格布的品种繁多，按其色泽和花型可以分为深色条、浅色条、深色格布、浅色格布 4 类；其中又可分大格、小格、素格、大条、小条等；色织条格布以平纹组织为主，也采用小花纹组织或斜纹组织等；纱支、密度等规格参数不同的品种有很大的差异。条格布具有质地厚实、花色细腻等优点，其中薄面料适用于夏季服装，较厚的则用于春秋季各类服装的制作。

图 3-8　条格布

第二节 麻织物

麻织物（如图 3-9 所示）是服用舒适、具有粗犷风格的织物，颇受各阶层消费者的喜爱。麻纤维用于服装面料具有非常悠久的历史，但我国麻纺织业的发展及麻织物的应用起步较晚。高质量、高附加值产品的研制与开发是麻织物发展的方向与重点。

图 3-9　麻织物

一、麻织物的风格特征

麻织物的风格主要由麻纤维的性能所决定，但也与脱胶、梳理、纺纱工艺及织物组织结构和染整工艺等有密切关系。

麻织物主要的风格特征如下：

① 麻织物表面具有纱线粗细不匀、条影明显的特征。

② 各种麻织物均较棉布硬挺，易起皱褶，贴身穿着有刺痒感，可采用合适的后整理等方法使其改善。

③ 天然纤维中麻的强度最高，湿态强度比干态强度高 20%~30%，其中苎麻织物的强度最高，亚麻织物、黄麻织物次之，其他各种麻织物的质地也比较坚牢耐用。

④ 各种麻织物的吸湿性极好，当含水量达自身质量的 20% 时，人的皮肤并不感到潮湿。各种麻织物还具有较好的防水、耐腐蚀、不易腐烂、不易虫蛀的性能。

⑤ 本白或漂白麻布光泽自然柔和，作为衣料有高雅大方、自然淳朴之美感。各种染色麻布具有独特的色调及外观风格。

⑥ 各种麻织物导热性能优良，因此，麻织物在夏季穿干爽吸汗、舒适。

⑦ 各种麻织物均具有较好的耐碱性，但在热酸中易损坏，在浓酸中易膨润溶解。

⑧ 混纺麻织物中麻纤维的含量越大，则上述各种麻织物的风格特征越明显；仿麻织物的外观似麻织物，但性能由使用的纤维原料所决定。

二、麻织物的常见品种

（一）纯麻细布

纯麻细布是采用亚麻、苎麻的纤维按照平布的规格织制而成的，其紧密程度一般不高，但通透性较高，有利于夏季穿着。线密度 10 tex、12.5 tex 的苎麻细纺及线密度 14.3 ~ 16.7 tex、

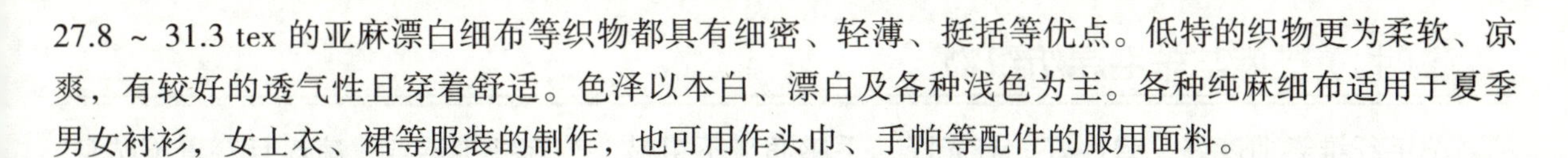

27.8 ~ 31.3 tex 的亚麻漂白细布等织物都具有细密、轻薄、挺括等优点。低特的织物更为柔软、凉爽，有较好的透气性且穿着舒适。色泽以本白、漂白及各种浅色为主。各种纯麻细布适用于夏季男女衬衫，女士衣、裙等服装的制作，也可用作头巾、手帕等配件的服用面料。

（二）纯麻其他织物

靛蓝劳动布：线密度为 30.3 tex、62.5 tex 的纯麻织物，具有厚实挺括、风格特殊等特点，适用于牛仔服，春、秋季套装等服装的制作。线密度为 20 tex 的轻薄织物适于制作夏季衬衫和裙子。线密度为 55.6 tex、62.5 tex、71.4 tex、83.3 tex 及 100 tex 等风格粗犷的纯亚麻布适用于西装、裙子、裤子等服装的制作。

纯麻爽丽纱是指利用水溶性维纶生产的低特纯麻织物。纯麻爽丽纱是夏季的理想面料，具有强度高，毛羽少，织物稀薄，布面平整光洁，手感滑爽，挺括，吸湿、散湿快，透气性好等优点。

（三）麻与涤纶的混纺布

混纺比常用 65% 涤、35% 麻或 55% 涤、45% 麻，已能纺制线密度为 10 tex 的特细纱，常用的为 16.7 tex 及 13.9 tex，一般采用平纹、斜纹组织。织物具有挺括、透气、吸汗、散湿好、弹性好、不易折皱等服用性能，适用于夏季衬衫、外衣、裙、裤等服装的制作。

（四）麻与粘胶纤维的混纺及交织布

麻与粘胶纤维的混纺及交织布是采用两者混纺或交织，取长补短，使织物的外观与麻织物相似，但手感柔软，刺痒感少，具有一定的悬垂性，经过树脂整理，还可提高抗皱能力，提高织物的表面光滑性。粘胶纤维织物具有柔软、飘逸、悬垂性好的优点，但是麻纤维刚硬、挺爽，因此，适用于春、夏季服装面料，较适合用于女装的裙、衫等服装的制作。

（五）麻与棉的混纺及交织布

棉麻是天然纤维麻与棉的混纺和交织，棉麻混纺及交织产品手感柔软，透气性好，布面平整，色泽鲜艳，含麻量大于 50% 的织物，已成为国际市场上畅销品之一。

棉麻混纺粗平布具有风格粗犷、平挺厚实的特点，适用于外衣、工作服等服装的制作。线密度为 33.3 tex、25 tex 的棉苎麻及棉亚麻混纺布，其含麻量分别为 30%、40%、50%，具有干爽挺括、柔软细薄的特点，适用于春、夏季衬衫等服装的制作。大棉麻靛蓝牛仔布、精纺罗布棉麻织物，具有棉的柔软、麻的滑爽等特性，适用于制作保健服装。

（六）麻丝交织或混纺织物

以桑蚕丝为经、苎麻纱为纬的平纹组织及以桑蚕丝与苎麻混纺的织物，其织物表面有粗细节，既能呈现麻织物的风格，又有丝织物的柔滑手感，柔中带刚，既能改善织物的抗皱褶性，又能提高织物的弹性及伸长率。这类织物服用性能极好，既吸湿透气，又散湿、散热快，穿着时皮肤无刺痒感，是高级的服装面料。

（七）苎麻与羊毛混纺织物

羊毛纤维卷曲度好，弹性好，有光泽，手感润滑不粗糙，苎麻纤维透气、凉爽且穿着不贴身，两种纤维混纺能取长补短。麻毛混纺一般为轻薄型的精纺织物，织物挺括、弹性好、耐折皱，适用于外衣等服装的制作。

（八）夏布

夏布是我国传统的纺织品之一，是用手工绩麻成纱，再用木织机以手工方式织成的苎麻布，是一种夏季服装面料。其中湖南浏阳夏布、江西万载夏布和四川隆昌夏布，因其有紧密、滑爽、细薄等性能而驰名中外。夏布除可以地名命名外，也可以总经线数命名，如 600 夏布、725 夏布等;还有以织物幅宽命名，如 18 寸[①]、24 寸抽绣夏布等。夏布织物经精炼、漂白后，具有颜色洁白、手感柔软、穿着凉爽不贴身等特点，适用于夏季服装和高级服装的制作。

① 1 寸 =3.33 毫米。

第三节 毛织物

毛织物（如图 3-10 所示）属于服用织物中的高档品种。按其生产工艺可分为精纺毛织物和粗纺毛织物两类。

精纺毛织物是由精梳毛纱织造而成的，其原料一般细且长，纤维梳理平直，纱线结构紧密，排列整齐，织物柔滑，织纹清晰，布身结实。

粗纺毛织物是由粗梳毛纱织造而成的，其原料的种类和范围很广，一般采用高特单纱，纺纱工艺短，织物的外观及风格取决于后整理工艺。

图 3-10　毛织物

一、毛织物的服用性能特点

① 纯毛织物手感柔软，织物表面有光泽且富有弹性，是一种高档服装面料。

② 毛织物具有良好的弹性和干态抗皱褶性，服装熨烫后有较好的褶裥成型性和服装保型性。

③ 粗纺毛织物表面绒毛丰满厚实，具有良好的保暖性。精纺毛织物布面光洁，具有较好的吸汗及透气性。

④ 毛织物的湿态抗皱褶性和洗可穿性差。

⑤ 毛织物耐酸不耐碱。

⑥ 毛织物容易被虫蛀。

二、精纺毛织物的主要品种

（一）凡立丁

组织：平纹。

线密度：16.7 tex × 2 ～ 25 tex × 2。

单位面积质量：124 ～ 248 g/m^2。

经密：220 ～ 300 根 /10 cm；纬密：200 ～ 280 根 /10 cm。

凡立丁是夏季服装的薄型面料，一般采用羊毛或毛涤混纺，纱线捻度较大，单纱捻度比股线小 10% 左右，经过亚光整理以后质地细腻、表面光泽、手感柔软，以浅色为主，亦有本白色及少量深色，女装常用浅淡色。凡立丁适用于夏季男女西服、裙、裤等服装的制作。

（二）派力司（如图 3-11 所示）

组织：平纹。

线密度：14.3 tex×2 ~ 20 tex×2，也可单纬 20 ~ 33.3 tex。

单位面积质量：137 ~ 168 g/m^2。

经密：250 ~ 300 根 /10 cm；纬密：100 ~ 260 根 /10 cm。

派力司是精纺毛织物中最轻薄的品种之一，具有混色效应，呢面均匀地散布着不规则的雨丝状条痕，以混色灰为主，有浅灰、中灰、深灰等，也有少量混色蓝、混色咖啡等。派力司具有呢面平整、经直纬平、光泽自然、颜色鲜艳、手感润滑、不糙不硬、有弹性等优点。毛涤派力司具有挺括、抗皱、易洗、易干及良好的穿着性能等优点。派力司适用于男女套装、礼仪服、两用衫、长短西裤等服装的制作。

图 3-11　派力司

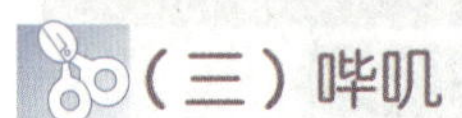

（三）哔叽

组织：2/2 斜纹。

线密度：16.7 tex×2 ~ 27.8 tex×2。

单位面积质量：193 ~ 314 g/m^2。

经密：297 ~ 330 根 /10 cm；纬密：257 ~ 280 根 /10 cm。

哔叽的经纬纱密度之比约为 1.1 ∶ 1.25，外观呈 45° 的右斜纹，且纹路扁平、较宽，呢面分为光面和毛面两种，光面哔叽表面光洁、纹路清晰；毛面哔叽呢面纹路清晰可见，但附着有短小绒毛，市场上光面哔叽较为多见。哔叽具有呢面细洁、手感柔软、质地坚牢等优点，适用于春秋季男装、夹克，女装的裤子、裙子等服装的制作。

（四）啥味呢（如图 3-12 所示）

组织：2/2 斜纹。

线密度：16.7 tex×2 ~ 27.8 tex×2，也有单纬 25 ~ 33.3 tex。

单位面积质量：227 ~ 320 g/m^2。

经密：286 ~ 309 根 /10 cm；纬密：253 ~ 270 根 /10 cm。

啥味呢的经、纬纱密度之比为 1.1 ∶ 1.5，外观呈现 50° 左右的右斜纹。啥味呢采用毛条染色，且有混色效应，以混色灰为主，也有混色蓝、混色咖啡等。啥味呢呢面分为光面和绒面两种，光面啥味呢呢面无绒毛、纹路清晰，光洁平整，手感润滑而挺括；绒面啥味呢手感柔顺、底纹隐约可见，不糙不硬。啥味呢适用于春秋男女西服、中山装及夹克等服装的制作。用于女装的啥味呢有相当一部分是素色的产品，且采用匹染工艺，使织面色彩艳丽，适合女装的要求。

图 3-12　啥味呢

哔叽与啥味呢都采用 2/2 组织，结构相似，织纹角度也相近，但是在外观上哔叽是素色的，以匹染为主，而啥味呢是毛条染色，以混色效应为主。

（五）华达呢（如图 3-13 所示）

组织: 2/1 斜纹、3/1 斜纹（单面）、2/2 斜纹（双面）；变化绸纹（缎背）。

线密度: 12.5 tex × 2 ～ 33.3 tex × 2。

单位面积质量: 200 ～ 400 g/m^2。

经密: 434 ～ 613 根 /10 cm；纬密: 202 ～ 256 根 /10 cm。

图 3-13 华达呢

华达呢按其组织可以分为单面华达呢、双面华达呢和缎背华达呢。一般单面华达呢为 227 g/m^2，纬纱也可以采用单纱；双面华达呢为 240 ～ 299 g/m^2，缎背华达呢为 324 ～ 400 g/m^2。华达呢的经密比纬密大，两者之比约为 2，呢面呈现 63° 左右的清晰斜纹，纹路挺直、密而窄，呢面光洁平整，质地紧密，手感润滑，富有弹性。单面华达呢正面纹路清晰，反面呈平纹效应；双面华达呢正反两面均有明显的斜纹纹路；缎背华达呢正面纹路清晰，反面呈缎纹效应。单面华达呢较薄，且颜色鲜艳，采用匹染工艺，适于做女装裙衣料；双面华达呢一般适用于制做春秋西装套装衣料；缎背华达呢色泽多用素色，如藏青、灰、黑、咖啡等色，适于做冬季的男装大衣衣料。

（六）女衣呢

组织: 绉组织、平纹地小提花、斜纹。

线密度: 16.7 tex × 2 ～ 25 tex × 2，也可单纬 25 ～ 33.3 tex。

单位面积质量: 200 ～ 67 g/m^2。

平纹经密: 120 ～ 250 根 /10 cm；纬密: 110 ～ 230 根 /10 cm。

斜纹经密: 220 ～ 340 根 /10 cm；纬密: 180 ～ 340 根 /10 cm。

绉组织经密: 250 ～ 410 根 /10 cm；纬密: 220 ～ 300 根 /10 cm。

女衣呢是典型的女装用面料，女衣呢具有色彩鲜艳、手感柔软、色谱齐全等特点。女衣呢采用各种组织，其密度变化范围较大，纱线的捻度要适当大一些，也可以采用同向捻，以保证手感柔软，织纹清晰且富有弹性。

（七）直贡呢（如图 3-14 所示）

组织: 缎纹、变化缎纹、急斜纹。

线密度: 12.5 tex × 2 ～ 20 tex × 2，也可单纬 25 ～ 33.3 tex。

单位面积质量: 200 ～ 267 g/m^2。

经密: 300 ～ 700 根 /10 cm；纬密: 200 ～ 400 根 /10 cm。

图 3-14 直贡呢

直贡呢又称为礼服呢，是精纺毛织物中历史悠久的传统高级产品。直贡呢呢面光滑、质地厚实，表面呈现 75° 左右的倾斜纹路，细洁平整、光泽明亮，色泽以原色为主，也有藏青色等其他颜色。主要适用于高级春秋大衣、风衣、礼服、便装、民族服装等服装的制作。

（八）驼丝绵

组织：变化缎纹。

线密度：16.7 tex × 2 ～ 20 tex × 2，也可以单纬 25 ～ 33.3 tex。

单位面积质量：300 ～ 333 g/m^2。

经密：490 ～ 522 根 /10 cm；纬密：290 ～ 347 根 /10 cm。

驼丝绵是精纺毛织物的传统高级产品之一。常采用 5 枚或 8 枚变化经缎组织，织物表面平整顺滑，纹路细腻，光泽明亮，手感柔软滑挺，织物反面有小花纹。贡丝棉与驼丝绵非常相似，只是贡丝棉的反面有类似缎纹的效果。驼丝绵与贡丝棉主要用于礼服、西服、套装、夹克、大衣等服装的制作。

（九）马裤呢

组织：急斜纹。

线密度：16.7 tex × 2 ～ 27.8 tex × 2。

单位面积质量：333 ～ 400 g/m^2。

经密：420 ～ 650 根 /10 cm；纬密：210 ～ 300 根 /10 cm。

马裤呢常采用急斜纹组织，配以较粗的纱线，正面右斜纹贡丝粗壮，反面左斜纹呈扁平纹路，质地厚实，呢面光滑，手感挺实而富有弹性，素色以军绿、蓝灰为主，也有原色和藏青等色，混色多为咖啡、米灰等色。主要适用于高级军用大衣、军装、猎装及男女秋冬外衣等服装的制作。

（十）精纺花呢

精纺花呢是采用各种精梳色彩纱线、各种花式捻线、各种装饰纱线作经纬纱，运用平纹、斜纹、变化斜纹或其他各种组织织纹，织造成条、格以及其他花型的织物。精纺花呢种类繁多，按其质量可分为薄花呢、中厚花呢、厚花呢 3 种。

薄花呢一般是指单位面积质量 190 g/m^2 以下的花呢织物，主要适用于夏装的用料；以全毛薄花呢和毛涤薄花呢最为常见，薄、滑、挺、爽是其理想的品质外观与性能。

中厚花呢的单位面积质量为 190 ～ 289 g/m^2，主要用于西装、套装的用料；有纯毛与毛混纺等各类产品，手感丰满且具有弹性。

三、粗纺毛织物的主要品种

（一）麦尔登

原料：一级毛或品质支数为 60 ～ 64 支羊毛、精梳短毛、化纤。

组织：平纹、2/1 斜纹、2/2 斜纹、2/2 破斜纹。

线密度：62.5 ～ 100 tex。

单位面积质量：367 ～ 467 g/m^2。

麦尔登是粗纺毛织物中的主要品种。全毛麦尔登以羊毛 70%、精梳短毛 30% 纺成粗梳毛纱；混纺麦尔登则以羊毛 50%、精梳短毛 20%、黏胶纤维及其他合纤 30% 为原料纺成粗梳毛纱。麦尔登属于呢面织物，具有重缩绒、不起毛、质地紧密、色泽鲜艳、手感丰满等特点，其颜色一般以藏青色、黑色为主。女装麦尔登具有鲜艳的色泽，如红、绿或中浅色等。麦尔登适用于男女冬季各式服装、春秋短外衣等高档服装面料。

（二）大衣呢

原料：一至四级毛或品质支数为 64 支改良毛、精梳短毛、再生毛或化纤。

组织：三原组织、变化组织、复杂组织。

线密度：62.5 ~ 250 tex。

单位面积质量：367 ~ 733 g/m^2。

大衣呢的风格特征各不相同，男大衣色泽以深色、暗色为主，女大衣因衣身轻薄，以花式、混色为主。大衣呢具有保暖性好、质地厚实等特点，根据其品种较多、原料各不相同的特点，有高、中、低档之分；且根据外观风格还可分为平厚、立绒、顺毛、拷花、花式五种；依其外观还可分为纹面、呢面和绒面 3 种。

（三）海军呢

原料：二级羊毛、精梳短毛、化纤。

组织：2/2 斜纹。

线密度：76.9 ~ 125 tex。

单位面积质量：400 ~ 533 g/m^2。

海军呢属于呢面产品，有全毛与毛混纺之分。毛混纺产品的原料有毛 70% ~ 75%、化纤 25% ~ 30%。海军呢经重缩绒加工具有呢面平整、质地紧密、不起球、不露底等特点。海军呢适用于制作海军制服、秋冬季各类外衣、海关服等服装。

（四）制服呢（如图 3–15 所示）

原料：三、四级毛，精梳短毛，落毛，化纤。

组织：2/2 斜纹。

线密度：111.1 ~ 166.7 tex。

单位面积质量：400 ~ 533 g/m^2。

制服呢属于呢面产品，以混纺产品居多，毛占 70% ~ 75%，化纤占 25% ~ 30%。制服呢经轻缩绒、轻起毛加工具有质地紧密、厚实、耐磨耐穿，手感不糙，保暖性好等特点。制服呢以蓝、黑素色为主，价格较低，适用于秋冬季的中低档制服面料。

图 3–15　制服呢

（五）女式呢

原料：一、二级毛或品质支数为 50 ~ 64 支毛、精梳短毛、化纤。

组织：平纹、2/2 斜纹、1/3 破斜纹、3/1 破斜纹。

线密度：62.5 ~ 111.1 tex。

单位面积质量：180 ~ 433 g/m^2。

粗纺女式呢采用毛或毛与粘胶纤维、腈纶、涤纶等混纺材料为原料，多以匹染为主，具有色泽鲜艳、手感柔软，外观风格多样等特点，适用于秋冬女装、套装、童装等服装的制作。粗纺女式呢种类繁多，按其风格特征可以分为平素女式呢、立绒女式呢、顺毛女式呢和松结构女式呢。

（六）法兰绒

原料：一、二级毛，精梳短毛，回用毛，化纤。

组织：平纹、2/1 斜纹、2/2 斜纹。

线密度：83.3 ~ 111.1 tex。

单位面积质量：227 ~ 453 g/m^2。

法兰绒是经缩绒加工的混色呢面织物，有全毛及毛混纺产品，其中以毛混纺产品为主，毛占 65% ~ 70%、化纤占 30% ~ 35%。法兰绒以散毛染色，其色泽主要是浅灰、中灰、深灰等色。法兰绒具有呢面细洁平整、手感柔软且有弹性、混色均匀、质地紧密、身骨较软等特点。法兰绒适用于春秋大衣、风衣、西装套装、西裤、便装等服装的制作。

（七）粗花呢

粗花呢是利用单色纱、混色纱、合股线及花式线等，以各种组织及经纬纱排列方式配合而织成的花式产品，其中包括人字、条格、圈点、小花纹及提花凹凸等织物。粗花呢的种类很多，按呢面外观特征可分为绒面粗花呢、纹面粗花呢、呢面粗花呢和松结构粗花呢。粗花呢适用于套装、短大衣、西装、上衣等服装的制作。

粗花呢多为混纺织物，采用的原料也分为高、中、低三档，高档以一级毛为主，占 70%，并掺入一定比例的驼毛、羊绒、兔毛等，精梳短毛占 30%；中档以二级毛为主，占 60% ~ 80%，精梳短毛占 40% ~ 20%；低档以三、四级毛为主，占 70%，精梳短毛占 30%。若混纺，其中各档羊毛占 70%，化纤占 30%。

（八）大众呢

原料：一、二级毛，精梳短毛，下脚毛，化纤。

组织：2/2 斜纹、2/2 破斜纹。

线密度：125 ~ 250 tex。

单位面积质量：400 ~ 600 g/m^2。

大众呢是经缩呢、起毛的呢面织物，以毛毡混纺产品为主。精梳短毛及下脚毛占比可高达

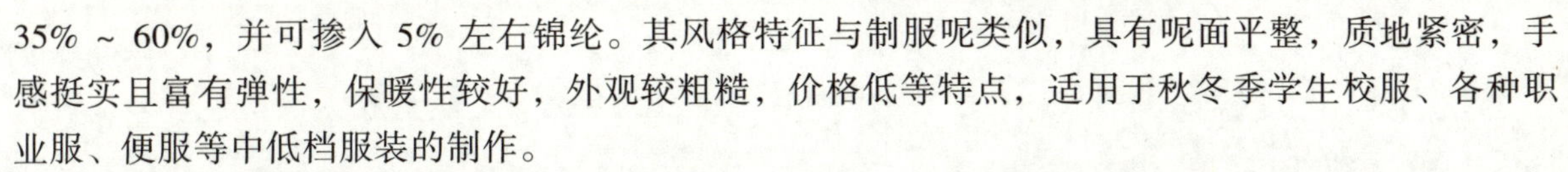

35% ~ 60%，并可掺入 5% 左右锦纶。其风格特征与制服呢类似，具有呢面平整，质地紧密，手感挺实且富有弹性，保暖性较好，外观较粗糙，价格低等特点，适用于秋冬季学生校服、各种职业服、便服等中低档服装的制作。

麦尔登、海军呢、制服呢及大众呢都具有呢面风格，它们的外观风格非常相似，但在手感和触觉上都有明显的区别。麦尔登使用的纱最细，织物最挺实而富有弹性，质地最紧密，且呢面细洁丰满，不露底纹，不起毛起球；海军呢与麦尔登比较，挺实性略差，有身骨，呢面平整细洁，基本不露底纹；制服呢手感有些粗糙，呢面虽平整但有粗毛露在表面，是半露底纹的呢面风格；大众呢的呢面细洁平整，手感较松软，用手指摩擦较易起毛，是半露底纹的呢面产品。

第四节 丝织物

丝织物（如图 3–16 所示）在服用织物中有“衣料皇后”之美称，外观绚丽多彩、手感柔软、悬垂、飘逸，摩擦时具有特殊的丝鸣声，是高档服装的理想面料。

一、丝织物的服用性能特点

图 3–16　丝织物

① 丝织物强度较好，但抗皱褶性较差。

② 桑蚕丝织物光泽明亮、手感柔软爽滑、成品高雅华贵。

③ 柞蚕丝织物颜色黄、光暗，手感柔而不爽，略带涩滞。沾水易形成水渍，熨烫时应避免喷水。

④ 丝织物耐光性差，不宜太阳直晒。

⑤ 丝织物不耐碱，洗涤时应采用中性洗涤剂。

二、丝织物的主要品种

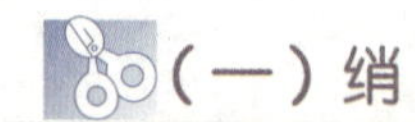

（一）绡

采用平纹组织或假纱组织、经纬丝加捻，具有清晰微小细孔的、质地轻薄呈透明或半透明的素、花丝织品为绡类织物。例如，10107 乔其绡、10154 建春绡、20352 长虹绡、51815 伊人绡等。绡类织物花式种类繁多，用途广泛，主要适用于女式晚礼服、连衣裙、披纱、头巾等服饰的制作，绡类织物是深受市场欢迎的产品之一。

例： 10107 乔其绡（纱、绉）。

原料和组织：桑蚕丝 100%，平纹。

线密度：22/24　tex × 2（2/20/22　D）桑蚕丝。

捻度：28 捻 /2S 2Z（捻度为 28 捻 /cm，2 根 S 捻、2 根 Z 捻相间排列）。

经密：520 根 /10 cm；纬密：440 根 /10 cm。

单位面积质量：44 g/m^2。

乔其绡的经、纬丝加强捻，织物经整理后呈现绉效应，具有孔眼较大、透明度较高、手感柔软顺滑等特点。

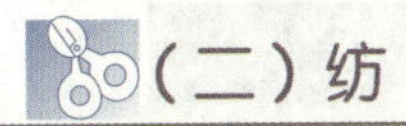

(二)纺

采用平纹组织，经纬纱加弱捻或不加捻，采用生织或半熟织工艺，质地轻薄，外观平整缜密的素、花丝织品为纺类织物。例如，11207 电力纺、21165 尼丝纺、41354 柞绢纺等。纺类织物除生纺较硬挺外，其他都具有平整缜密、柔软滑爽、飘逸且悬垂性好、穿着舒适等特点。中厚型纺类织物主要用作服装面料及服装的里料，中薄型纺类织物可用作薄型服装的里料及方巾等。

例：11207 电力纺。

原料和组织：桑蚕丝 100%，平纹。

线密度：22/24 tex × 2（2/20/22 D）桑蚕丝。

经密：496 根 /10 cm；纬密：450 根 /10 cm。

单位面积质量：35 g/m^2。

(三)绉

采用加捻等工艺，应用平纹组织或其他组织，外观呈现绉效应，光泽明亮且富有弹性的素、花丝织品为绉类织物。例如，12102 双绉、12133 顺纡花绉、12166 碧绉、12267 精华绉等。不同绉织物的绉效应各不相同，例如，似绉非绉，粗如绉纸，粗犷豪放等多种绉效应。

绉类织物起绉的方法有多种：如天然丝的强捻法、绉组织起绉法、化纤的差异收缩法、经纱差异张力法、染整轧纹起绉法等。

绉类织物是理想的夏季面料，也是时装中不可缺少的高级面料。绉类织物具有风格新颖、抗皱性能好且穿着舒适等特点，适用于衬衫、连衣裙、头巾和领带等服饰的制作。

例：12102 双绉。

原料和组织：桑蚕丝 100%，平纹。

线密度：经纱，22/24 tex × 2（2/20/22 D）桑蚕丝；纬纱，22/24 tex × 4（4/20/22 D）桑蚕丝，23 捻 /cm（2S 2Z）。

经密：632 根 /10 cm；纬密：400 根 /10 cm。

单位面积质量：60 g/m^2。

双绉经丝无捻，纬丝强捻以 2 根 Z 捻、2 根 S 捻相间排列，故织物炼染后表面呈现出均匀的绉效应，具有手感柔软、平整光亮且富有弹性的特点。

(四)缎(如图 3-17 所示)

采用缎纹组织，外观平整光滑，质地紧密，手感柔软的素、花丝织品为缎类织物。例如，14101 素绉缎、14370 花绉缎、14366 桑波缎、64861 素软缎等。缎类织物分为经缎和纬缎；按其提花与否可以分为素缎和花缎两种，花缎主要有单层、纬二重和纬多重 3 种。

缎类织物是中国绸缎之精品，具有表面平整光亮、紧密柔软、精致细腻和高雅感等特点，适用于高级服装、时装、礼服、民族服装及戏装等服装的制作。

例：14101 素绉缎。

原料和组织：桑蚕丝 100%，五枚经面缎纹。

线密度：经纱，22/24 tex × 2（2/20/22 D）桑蚕丝；纬纱，22/24 tex × 3（3/20/22 D）桑蚕丝，

26 捻 /cm（2S 2Z）。

经密：1295 根 /10 cm；纬密：490 根 /10 cm。

单位面积质量：82 g/m^2。

素绉缎的经丝无捻，纬丝采用 2 根 S 捻、2 根 Z 捻相间排列的强捻丝，使织物正面呈现缎效应，反面呈现绉效应。

图 3–17 缎

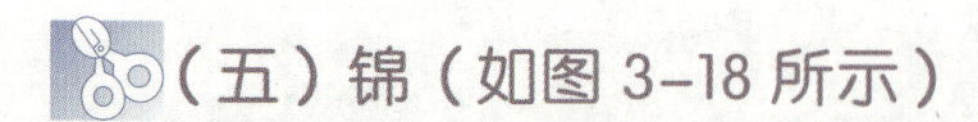

（五）锦（如图 3–18 所示）

采用缎纹组织、斜纹组织等，外观颜色鲜艳、精致典雅的色织多色纬或多色经提花丝织品为锦类织物。在服用丝织物中，锦类织物属于组织花纹或色泽与地纹有明显对比的厚重织物。如 62035 织锦、64479 彩锦等。

锦类织物有采用重经组织的经锦、重纬组织的纬锦和双层组织的双层锦等不同品种，这些织物都采用精练染色的桑蚕丝为经丝原料，与彩色粘胶丝、金银丝的纬丝交织来衬托锦的高贵典雅。锦类织物的品种众多，用途很广，适用于妇女棉袄面料、旗袍、礼服、民族服装和戏剧服装等服装的制作。

图 3–18 锦

例：62035 织锦（缎）。

原料和组织：桑蚕丝 22%，粘胶丝 78%；八枚经面缎纹。

线密度：经纱，采用 2 根捻度为 8 捻 /cm、捻向为 S 的 22/24 tex（1/20/22 D）的染色桑蚕丝并捻，并捻的捻度为 6.8 捻 /cm、捻向为 Z 捻；纬纱，甲 165 tex（1/150 D）染色有光粘胶丝；乙 165 tex（1/150 D）染色有光粘胶丝；丙 165 tex（1/150 D）染色有光粘胶丝。

经密：1 280 根 /10 cm；纬密：1 020 根 /10 cm。

单位面积质量：223 g/m^2。

织锦与缎类织物都是以缎纹组织为地，缎面细致光洁。一般缎类色彩简单，常用经纬异色，经缎纬起花，纬用重组织又有多种彩纬，因此花纹为多色。织锦具有厚实、色彩艳丽、富丽堂皇等特点。

（六）绢（如图 3–19 所示）

采用平纹组织或者平纹变化组织为地组织，外观平整，色织或色织套染的素、花丝织品为绢类织物。例如，12302 塔夫绢、61502 天香绢等。绢类织物适用于外衣、滑雪衣、风衣、雨衣等服装的制作，还可以制作领结、绢花、帽花和女用高级绸面伞等服装用品。

例：12302 塔夫绢。

原料和组织：桑蚕丝 100%，平纹地提花。

线密度：经纱，采用 2 根捻度为 8 捻 /cm、捻向为 S 的

图 3–19 绢

22/24 tex（1/20/22 D）的染色桑蚕丝并捻，并捻的捻度为 6 捻 /cm、捻向为 Z 捻；纬纱，采用 3 根捻度为 6 捻 /cm、捻向为 S 的 22/24 tex（1/20/22 D）的染色桑蚕丝并捻，并捻的捻度为 6 捻 /cm、捻向为 Z 捻。

经密：1055 根 /10 cm；纬密：470 根 /10 cm。

单位面积质量：70 g/m^2。

塔夫绢有闪光效果，具有外观细密、表面平整、光泽晶莹、手感柔软、丝鸣感强等特点。除提花塔夫绢外，还有素塔夫绢。

（七）绫

采用斜纹或斜纹变化组织为地组织，具有明显斜向纹路的素、花丝织品为绫类织物。例如，15688 桑丝绫、15694 桑柞绫、15674 真丝斜纹绫、15654 素广绫等。

真丝绫是生织精炼产品，织物具有表面光泽，手感柔软，斜纹明显，质地细腻，穿着舒适等特点，适用于连衣裙、衬衣、头巾、睡衣等服装的制作，还可用作高档服装里料。粘丝绫及粘棉绫等产品斜纹明显，表面光泽明亮，摩擦系数小，手感光滑，是理想的服装里料。

例：15688 桑丝绫。

原料和组织：桑蚕丝 100%；2/2 斜纹。

线密度：经纱，22/24 tex × 3（3/20/22 D）桑蚕丝；纬纱，22/24 tex × 4（4/20/22 D）桑蚕丝。

经密：534 根 /10 cm；纬密：430 根 /10 cm。

单位面积质量：63 g/m^2。

（八）罗

采用罗组织构成等距或者不等距的条状绞孔的素、花丝织品为罗类织物。按其绞孔成条方向的不同，可以分为直罗和横罗两种。绞孔沿织物纬向构成横条外观的称为横罗，构成直条外观的称为直罗。按其提花与否，可以分为素罗和花罗两种。素罗的绞孔成条排列，有三纬罗、五纬罗、七纬罗等；花罗的绞孔按一定花纹图案排列，有绫纹罗、平纹花罗等。例如，16152 三梭罗、16151 杭罗、16153 轻星罗等。罗类织物具有质地轻薄、绞孔透气、穿着凉快、耐洗涤等特点，适合于男女夏季各类服装的制作。

例：16151 杭 罗。

原料和组织：桑蚕丝 100%，平纹地罗组织。

线密度：经纱，55/78 tex × 3（3/50/70 D）桑蚕丝；纬纱，55/78 tex × 3（3/50/70 D）桑蚕丝。

经密：335 根 /10 cm；纬密：265 根 /10 cm。

单位面积质量：107 g/m^2。

杭罗因主要产于杭州而得名，其平整的绸面上具有直条外观的为直罗。杭罗具有质地紧密、挺括滑爽等特点。

（九）纱（如图 3-20 所示）

采用纱组织，织物表面有均匀分布的由绞转经纱所形成的清晰纱孔的，不显条状的素、花丝织品为纱类织物。例如，10501 庐山纱、16671 香云纱、10507 芝地纱等。

纱类织物分为素纱和花纱两种。素纱是由地经、绞经两个系统的经丝和一个系统的纬丝构成的经丝相互扭绞的丝织物;花纱分为亮地纱和实地纱。亮地纱是以纱组织为地组织，用平纹、斜纹、缎纹或其他变化组织构成花纹的纱织物。实地纱是以平纹、斜纹、缎纹或其他变化组织为地组织，用纱组织构成花纹的纱织物。纱织物透气性好，是夏季服装的理想面料。

例: 10501 庐山纱。

原料和组织：桑蚕丝 100%，平纹地纱组织。

线密度：经纱，31/33 tex × 2（2/28/30 D）桑蚕丝；纬纱，22/24 tex × 6（6/20/22 D）桑蚕丝，12 捻 /S。

经密: 830 根 /10 cm；纬密: 375 根 /10 cm。

单位面积质量: 89 g/m^2。

庐山纱在平纹地上以纱组织构成花纹，为实地纱，经纱扭绞使组织结构形成空隙，纤细、稀疏、轻盈、透气，适合制作夏季服装。

图 3-20 纱

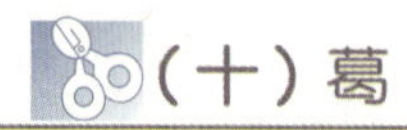

（十）葛

采用平纹组织、经重平组织或急斜纹组织，经细纬粗，经密纬疏，外观有明显的横向凸条纹，质地厚实缜密的素、花丝织品为葛类织物。例如，67153 华光葛、66402 花文尚葛等。葛类织物采用粘胶丝、棉纱或混纺纱织，牢固厚实，适合用作春秋季或冬季服装面料。

例: 66402 花文尚葛。

原料和组织：粘胶丝 62%，棉纱 38%；1/2 斜纹。

线密度：经纱，132 tex（1/120 D）有光粘胶丝；纬纱，18 tex × 3（1/32 英支 /3）丝光棉纱。

经密: 1060 根 /10 cm；纬密: 160 根 /10 cm。

单位面积质量: 233 g/m^2。

（十一）绨

采用各种长丝作经，棉纱或蜡线作纬，以平纹组织进行交织，质地粗糙、紧密厚实、细经粗纬的素、花丝织品为绨类织物。绨类是 14 大类中最少的一类品种。例如，66104 蜡线绨、67851 春花绨等。绨织物与葛织物类似，素绨、小花纹绨可以用作秋冬服装面料，大花纹绨类织物可用作被面及装饰用品的制作。

例: 66104 蜡线绨。

原料和组织：粘胶丝 50%，棉纱 50%；平纹地小提花。

线密度：经纱，132 tex（1/120 D）有光粘胶丝；纬纱，27.8 tex（1/21 英支 /1）蜡线。

经密: 505 根 /10 cm；纬密: 240 根 /10 cm。

单位面积质量: 137 g/m^2。

（十二）绒（如图 3-21 所示）

采用特殊工艺使织物表面形成全部或局部有绒毛或绒圈的素、花丝织品为绒类织物。丝绒是高档产品的一种，具有表面绒毛挺立、织物外观端庄、色泽鲜艳且明亮、质地柔软、穿着舒适、富有弹性等特点。绒类织物的种类繁多，有 18652 天鹅绒（漳绒）、65111 乔其立绒、68003 真丝立绒、68967 光明绒、14192 漳缎等。绒类织物用途广泛，适用于女式礼仪服、晚礼服、时装、旗袍、连衣裙、裙子等服装的制作，还可制作各式童装及服饰用品和工艺品等。

例：65111 乔其立绒。

原料和组织：桑蚕丝 18%，粘胶丝 82%；平纹地双层绒。

线密度：绒经，22/24 tex × 2（2/20/22 D）桑蚕丝，24 捻 /cm（1S 1Z）；地经，132 tex（1/120 D）有光粘胶丝；纬纱，22/24 tex × 2（2/20/22 D）桑蚕丝，24 捻 /cm（3S 3Z）。

经密：424 根 /10 cm；纬密：450 根 /10 cm。

单位面积质量：210 g/m^2。

乔其立绒采用经起绒组织双层织造，双层绒坯经割绒形成绒毛耸立、绒面平整的织物表面，以桑蚕丝为绒经，使织物表面的绒毛细密、柔软，光泽高雅，体现富贵华丽之美感。乔其立绒若经过特殊加工可得烂花乔其绒、拷花乔其绒、烫花乔其绒等品种。乔其立绒具有悬垂性好，穿着舒适合体，适用于女装及服装配饰用品等的制作。

图 3-21　绒

（十三）呢

采用基本组织和变化组织，采用比较粗的经纬丝纱，采用经向长丝、纬向短纤维纱，或者经纬纱均采用长丝和短纤维合股并加以适当的捻度而制成，其特点是表面粗犷，质地丰厚。例如，69152 丝毛呢、69154 条子呢等。

呢类丝织物的经纬向原料都比较粗，织造时采用绉组织，可以使织物对光线产生漫反射，使光泽柔和，绉组织中的长浮线还可使织物松软厚实，丰满蓬松。呢类织物适用于外衣、衬衫、连衣裙等服装的制作。

例：69152 丝毛呢。

原料和组织：桑蚕丝 36.2%，羊毛 63.8%；破斜纹。

线密度：经纱，22/24 tex × 3（3/20/22 D）桑蚕丝；纬纱，19.4 tex × 2 羊毛。

经密：755 根 /10 cm；纬密：255 根 /10 cm。

单位面积质量：143 g/m^2。

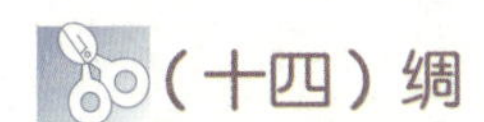

（十四）绸

采用基本组织和变化组织，或同时混用数种基本和变化组织，凡属于通常组织类的组织，无论用单梭、双梭、多梭以及单丝轴或多丝轴织造的无其他特征的花、素织物都为绸类织物。例如，18157 西湖绸、15204 双宫绸、13857 锦绸、23501 辉煌绸等。

绸类织物用途很广，无论是从花色品种还是数量上都是最多的一类品种。轻薄型的可制作衬衣、内衣、连衣裙等；中厚型的可以制作外衣、裤子及时装等；除了衣着用绸之外，还可用作装饰用绸、工业用绸及特种用绸等。

例：18157 西湖绸。

原料和组织：桑蚕丝 100%，四枚变化。

线密度：经纱，22/24 tex × 2（3/20/22 D）桑蚕丝，22/24 tex × 2（2/20/22 D）桑蚕丝；纬纱，22/24 tex × 6（6/20/22 D）桑蚕丝，8.5 捻 /cm（2S 2Z）。

经密：807 根 /10 cm；纬密：440 根 /10 cm。

单位面积质量：92 g/m^2。

西湖绸也称为点纹绸，其表面细小的花纹像撒在织物表面上的点子，因此而得名。

第五节 化学纤维织物

化学纤维织物（如图 3-22 所示）中有很多产品具有仿天然纤维织物传统品种的风格特点。由于纤维性质和纱线结构的不同，织物服用性能也有很大的差异。

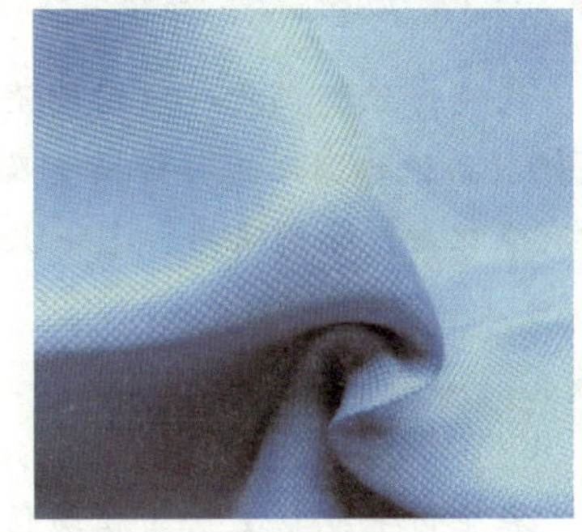

图 3-22　化学纤维织物

一、粘胶纤维织物

（一）粘胶纤维织物的服用性能特点

① 粘胶纤维织物手感柔软，吸湿性很好，穿着舒适。
② 粘胶纤维织物表面光泽明亮，颜色艳丽。
③ 粘胶纤维织物的悬垂性好，挺括度、弹性和抗皱褶性差。
④ 粘胶纤维织物的强度低。

（二）粘胶纤维织物的主要品种

1. 人造棉平布

人造棉平布分为人造棉细平布和中平布两种，都需经过染色和印花，均具有质地细腻、色泽明亮、手感柔软顺滑、悬垂性好且穿着舒适等特点，适用于夏季女衣裙、衬衫等服装的制作。

2. 粘胶长丝织物

粘胶长丝织物品种繁多，其中有粘胶长丝无光纺、粘胶长丝塔夫绸、粘胶长丝乔其纱、粘胶长丝织锦等品种，具有光泽和手感稍差、抗皱褶性差、湿强度低等缺点。

二、涤纶织物

（一）涤纶织物的服用性能特点

① 涤纶织物强度高，弹性好，挺括且抗皱。
② 涤纶织物吸湿性差，贴身穿着舒适感较差且易产生静电，容易沾污。

③ 涤纶织物的抗熔孔性差，接触烟灰、火星即形成孔洞。
④ 涤纶织物具有热塑性，褶裥保型性好。
⑤ 涤纶织物易洗快干、免熨烫，洗可穿性很好。
⑥ 涤纶织物不易虫蛀，也不易发霉。
⑦ 涤纶织物的耐化学药品性较好。

（二）涤纶织物的主要品种

1. 涤纶仿丝绸织物

涤纶仿丝绸织物一般用圆形、异形截面的细旦或普旦涤纶长丝及短纤维纱线为经纬纱，织成相应品种的绸坯，再经染整及减量加工，从而获得既有真丝风格又有涤纶特性的织物。其品种有涤丝纺、涤纶双绉、涤纶织锦缎等。

2. 涤纶仿毛织物

涤纶仿毛织物主要为精纺仿毛产品，一类是用涤纶长丝为原料，多采用涤纶加弹丝、涤纶网络丝或采用多种异形截面的混纤丝制成。一般单丝粗旦仿毛产品手感较差，而单丝细旦仿毛产品手感细腻。涤纶仿毛织物表面光泽明亮，其中主要有涤弹哔叽、涤弹华达呢、涤纶网络丝仿毛织物等。

3. 涤纶仿麻织物

涤纶仿麻织物多采用涤纶长丝强捻纱，以平纹和凸条组织等变化组织织成的具有干爽手感的仿麻织物。日本和中国台湾生产的涤纶仿麻织物品种较多，一般用 50% 改性涤纶与 50% 普通涤纶为原料，加强捻，以不同喂入速度形成条干粗细及捻度不匀的特殊结构合股线，以平纹和凸条组织形成外观粗犷、手感柔而干爽的薄型仿麻织物，适用于夏季男女衬衫、衣裙等服装的制作。

4. 涤纶仿麂皮织物

涤纶仿麂皮织物主要以细或超细且涤纶为原料，以非织造织物、机织物、针织物为基布经过特殊整理加工而获得的各种性能外观颇似天然麂皮的涤纶绒面织物。涤纶仿麂皮织物可以分为 3 个档次：人造高级麂皮、人造优质麂皮和人造普通麂皮。主要适用于外衣面料。

5. 涤纶混纺织物

为了弥补涤纶吸湿性差的缺点及改善天然纤维和再生纤维织物保型性及坚牢度，常采用涤纶与棉、毛、丝、麻和粘胶纤维混纺，织成各种涤纶混纺织物，弥补了纯涤纶织物的不足。主要适用于衬衫、外衣、裤子、裙子、套装等服装的制作。

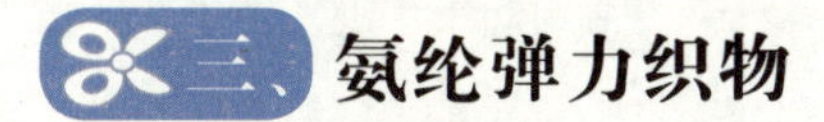

三、氨纶弹力织物

氨纶弹力织物是指含有氨纶的织物，其纱线多采用包芯结构，氨纶多作为芯纱，外包其他纤维。混用氨纶原料的比例不同，所加工出的织物弹性也各不相同。氨纶具有较好的伸长性和弹性，有很好的运动舒适性等特点，主要适于制作体操运动员、芭蕾舞演员用的服装。

第六节 机织物的鉴别分析

机织物品种繁多，不同品种的机织物其性能、风格特征都各不相同，因此，在衣料选用和缝制加工过程中要进行适当的选择。

一、织物正反面的鉴别

服装制作时，织物的正面朝外，反面朝里，因此，利用织物正反面的差异对织物的正反面进行确切的识别是非常重要的。总体来说，织物正面质量比反面质量要好，详细说明如下：

① 织物正面的织纹、花纹要比反面的清晰、美观、立体感强；织物正面光泽比反面更亮。

② 凹凸织物正面紧密、细腻，条纹或图案凸出，立体感较强，反面较为粗糙且有较长的浮长线。

③ 起毛织物中单面起毛一般正面有绒毛，双面起毛织物则毛绒均匀整齐的一面为正面。

④ 双层、多层及多重织物的正面原料密度较大，表面效果更佳。

⑤ 毛巾织物以毛圈密度大、质量好的一面为正面。

⑥ 纱罗织物以纹路清晰、绞经突出的一面为正面。

⑦ 布边光洁整齐的一面为正面。

⑧ 具有特殊外观的织物，以其突出风格或绚丽多彩的一面为正面。

⑨ 少量双面织物，双面均可做正面使用。

二、织物经纬向的确定

服装制作时，衣长、裤长一般需采用织物的经向，胸围、臀围一般采用织物的纬向，这是服装裁剪的必要步骤。因此，确定织物的经纬向也是至关重要的。确定织物经纬向的各项依据如下：

① 如织物上有布边，则与布边平行的为经纱，与布边垂直的为纬纱。

② 织物的经纬密度不同，密度大的为经纱，密度小的为纬纱。

③ 若织物中的纱线捻度不同时，捻度大的多数为经纱，捻度小的为纬纱；当一个方向有强捻纱存在时，则强捻纱为纬纱。

④ 纱罗织物，有绞经的方向为经向。

⑤ 毛巾织物，以起毛圈纱的方向为经向。

⑥ 经纬纱分为单纱和股线两种，一般股线为经纱，单纱为纬纱。

⑦ 用左右两手的食指与拇指相距 1 cm 沿纱线对准并轻轻拉伸织物，如无一点松动，则为经向，如略有松动，则为纬向。

第七节 常用针织面料

针织物（如图 3-23 所示）采用的纤维原料不同、纱线不同、组织不同、后整理方式不同可形成外观和服用性能各不相同的针织面料。针织面料具有强度较低、容易变形、裁剪困难等缺点和手感柔软、透气性好、延伸性好、富有弹性等优点。

针织面料按照其加工方法可以分为纬编针织面料与经编针织面料两大类；按其用途可以分为内衣面料、外衣面料、衬衣面料和运动面料等；按其花色可以分为素色面料、色织面料和印花面料等。

图 3-23　针织物

一、纬编针织面料

纬编针织面料质地柔软，具有良好的延伸性、弹性以及透气性，但其挺括度和形态稳定性相对较差一点。纬编针织面料原料使用相当广泛，有棉、麻、丝、毛等各种天然纤维的纯纺纱线及涤纶、腈纶、锦纶、丙纶、氨纶和粘胶纤维等化学纤维的纯纺纱线，也有各种混纺纱线和交并纱线等。

（一）纬平针面料

纬平针面料是采用纬平针组织织成的织物。纬平针面料虽然具有较好的延伸性、弹性以及透气性，但易卷边和脱散。

用低特和中特的棉纱线或涤 / 棉纱线按纬平组织织成的织物，适用于夏季穿着的汗衫的制作，因此俗称“汗布”。纱线可以采用普梳纱，也可以采用精梳纱，有漂白、染色、色织、印花等品种，适用于汗衫、背心、内裤、薄型棉毛衫等服装的制作。

用苎麻纱线、亚麻纱线、大麻纱线和麻混纺纱线加工的纬平针面料，具有良好的吸湿性和透气性，其织物硬挺，穿着凉爽且不粘身，具有强度好、耐洗涤等特点，适用于夏季 T 恤衫等服装的制作。

用蚕丝和绢丝加工的纬平针面料，具有光泽明亮、手感柔软、弹性好、吸湿性和悬垂感好，有飘逸感等特点，适用于内衣、T 恤衫、晚礼服、裙衫等服装的制作。

用羊毛纱线和毛混纺纱线加工的纬平针面料，具有延伸性好、弹性好、手感柔软、保暖性好等特点，适用于薄型或中厚型的毛衫等服装的制作。但是在洗涤时要小心手洗，注意水温不宜高，搓洗不宜用力大，以免发生毡缩。

用腈纶纱线加工的纬平针面料，具有延伸性好，弹性好，手感柔软，色泽鲜艳且不易褪色，易洗易干且洗涤后不变形等特点，但其吸湿性较差，易产生静电。主要适用于 T 恤衫、腈纶衫等服装的制作。

用涤纶低弹丝加工的纬平针面料，具有良好的抗皱性、弹性和稳定性，具有易洗易干、牢度好、不霉不蛀等特点，但吸湿性和穿着舒适性较差。

（二）纬编罗纹面料

纬编罗纹面料是采用罗纹组织织成的织物。罗纹面料在横向拉伸时具有很好的延伸性和弹性，裁剪时不会出现卷边现象，逆编织方向容易脱散。

罗纹面料多采用棉纱线、羊毛纱线、绢丝、腈纶纱线和涤纶纱线，由于具有非常好的延伸性和弹性，不卷边，而且顺编织方向不脱散的特点，常用于要求延伸性和弹性大、不卷边的地方，如袖口、裤脚、领口、袜口、衣服的下摆以及羊毛衫的边带，也可作为弹力衫、裤的面料。

（三）纬编衬垫面料

纬编衬垫面料是花色针织物的一种，是指在织物中衬入一根或几根衬垫纱的针织物。纬编衬垫面料的横向延伸性较小，织物较厚，织物的反面较粗糙。纬编衬垫面料根据地组织的不同，有纬平针衬垫针织物、添纱衬垫针织物、集圈衬垫针织物、罗纹衬垫针织物等。

纬编衬垫面料的地纱一般为中粗棉纱、腈纶纱、涤纶纱或混纺纱，衬垫纱一般用较粗的毛纱、腈纶纱或混纺纱。衬垫面料一般为中厚型服装面料，适用于运动衣、外衣等服装的制作。

（四）纬编拉绒面料

纬编拉绒面料可以分为单面绒和双面绒两种。单面绒通常由衬垫针织物的反面经拉毛处理而形成。按其绒面厚度的不同，单面绒可以分为细绒、薄绒和厚绒 3 种。双面绒一般由双面针织物的两面进行拉毛整理而成。

纬编拉绒面料所用原料种类繁多，底布通常采用棉纱、混纺纱、涤纶纱或涤纶丝，起绒纱通常采用较粗的棉纱、涤纶纱、毛纱或混纺纱等。具有手感柔软、织物丰富、保暖性好等特点。纬编拉绒面料应用广泛，适用于冬季的绒裤、运动衣和外衣等服装的制作。

细绒布绒面较薄，布面细洁、美观，纯棉类细绒布一般用于缝制妇女和儿童的内衣，腈纶类细绒布常用于运动衣和外衣的制作。

薄绒布的种类繁多，按其原料的不同，可以分为纯棉、化纤和混纺几种。纯棉薄绒布具有手感柔软、保暖性好、不易生静电等特点，适用于春秋季穿着的绒衫裤等服装的制作；腈纶薄绒布具有色泽明亮、颜色鲜艳、绒毛均匀、缩水率小、保暖性好、易生静电等特点，适用于运动衫裤等服装的制作。厚绒布是起绒针织物中最厚的一种，具有绒面蓬松、保暖性好等特点，适用于冬季穿着的绒衫裤等服装的制作。

（五）纬编毛圈面料

纬编毛圈面料是指织物的一面或两面有毛圈覆盖的纬编针织物，具有手感松软、质地厚实、有良好的吸水性和保暖性等特点。

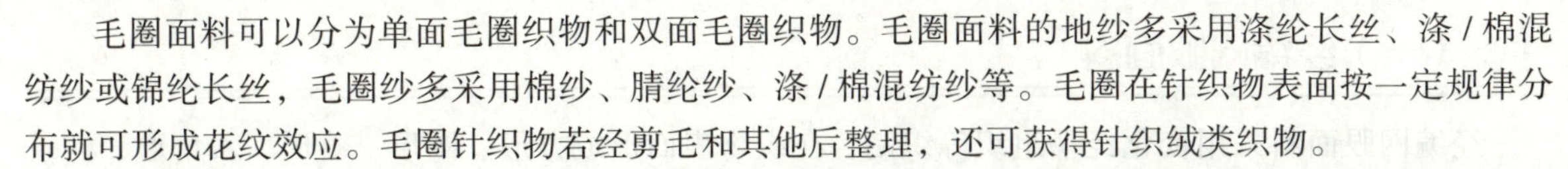

毛圈面料可以分为单面毛圈织物和双面毛圈织物。毛圈面料的地纱多采用涤纶长丝、涤/棉混纺纱或锦纶长丝，毛圈纱多采用棉纱、腈纶纱、涤/棉混纺纱等。毛圈在针织物表面按一定规律分布就可形成花纹效应。毛圈针织物若经剪毛和其他后整理，还可获得针织绒类织物。

纯棉单面毛巾布手感松软，具有良好的延伸性、弹性、抗皱性、保暖性和吸湿性，常用于制作春末夏初或初秋季节穿着的长袖衫、短袖衫，也可用于缝制睡衣。

双面毛巾布厚实，毛圈松软，具有良好的保暖性和吸湿性，对其一面或两面进行表面整理，可以改善产品外观和服用性能。织物两面的毛圈可采用不同颜色或不同纤维原料，形成双面不同的外观效果。

（六）纬编天鹅绒面料

纬编天鹅绒面料是长毛绒针织物的一种，织物表面有绒毛，多采用棉纱、涤纶长丝、锦纶长丝、涤棉混纺纱做地纱，用棉纱、涤纶长丝、涤纶变形丝、涤棉混纺纱、醋酯纤维做起绒纱。纬编天鹅绒面料可由毛圈组织经割圈而形成，也可将起绒纱按衬垫纱编入地组织，并经割圈而形成，后面一种织物毛纱用量少，手感柔软，应用较为广泛。

纬编天鹅绒面料具有手感柔软、悬垂性好、绒毛紧密而直立、色光柔和、坚牢耐磨等特点。用醋酯纤维制成的天鹅绒织物，绒毛光泽好、绒头直立、外观效果好。纬编天鹅绒面料适用于外衣、裙子、旗袍、披肩、睡衣等服装的制作。

（七）花色针织面料

花色针织面料是采用提花组织、胖花组织、集圈组织、波纹组织等使织物表面形成花纹图案、凹凸、孔眼、波纹等花色效应的针织物，可以分为单面、双面及色织花色针织物 3 种。

（八）双罗纹针织面料

双罗纹组织由两个罗纹组织彼此复合而成。用棉纱线织成的双罗纹组织的针织物，俗称“棉毛布”，具有手感柔软、弹性好、布面匀整、纹路清晰、稳定性好等特点。

（九）衬经衬纬针织面料

衬经衬纬针织面料较多的是在纬平针组织的基础上编织而成的，具有延伸性小、形态稳定性好、手感柔软、透气性好、穿着舒适等特点，适宜制作外衣。

二、经编针织面料

经编针织面料多采用涤纶、锦纶、丙纶等合纤长丝，也有的用棉、毛、丝、麻、化纤短纤维及混纺纱的原料。普通经编织物多采用经平组织、经缎组织、经斜组织等织制。花式经编织物品种繁多，常见的有网眼织物、毛圈织物、褶裥织物、长毛绒织物、衬纬织物等多种。经编织物具有纵向尺寸稳定性好、织物挺括、脱散性小、不会卷边、透气性好等优点，缺点是横向延伸、弹性和柔软性较差。

（一）经编网眼面料

经编网眼面料采用变化经平组织等织制，在织物表面形成方形、圆形、菱形、六角形、柱条形、波纹形的孔眼。经编网眼面料多采用涤纶长丝织制，因其纱线细度的不同有质地轻薄、较厚等区别，织物具有良好的弹性和透气性，手感柔软顺滑。轻薄的经编网眼面料主要用作夏令男女衬衫面料、裙料等，较厚的经编网眼面料多用作运动服的里料。

（二）经编起绒面料

经编起绒面料常以涤纶长丝作为原料，采用编链组织与变化经绒组织相间，经拉毛整理而成。经编起绒面料具有织物绒面丰满，布面紧密且厚实，手感柔软，悬垂性好，织物易洗、快干、免烫等特点，但易生静电，易吸附灰尘。经编起绒织物品种繁多，有经编麂皮绒、经编金光绒、经编平绒等，主要适用于男女大衣、风衣、上衣、西裤等服装的制作。

（三）经编丝绒面料

经编丝绒面料常以涤纶长丝作为地纱，以腈纶纱等作为绒纱，采用拉舍尔经编机织成的绒纱做接结纱的双层织物，再经割绒机割绒后，成为两片单层丝绒。按其绒面状况，可以分为平绒、条绒、色织绒等，各种绒面可同时在织物上交叉布局，形成多种花色。经编丝绒面料具有表面绒毛浓密耸立、手感柔软、富有弹性、保暖性好等特点，主要用作冬季服装、童装面料。

（四）经编毛圈面料

经编毛圈面料是采用毛圈组织织制的单面或双面毛圈织物，具有手感柔软，布面坚牢厚实，弹性、吸湿性和保暖性良好，毛圈结构稳定等特点，主要适用于运动服、翻领 T 恤衫、睡衣、童装等服装的制作。

（五）经编提花面料

经编提花面料是在经编针织机上织制的大花纹织物，具有花纹清晰、有立体感、手感挺括、花型多变、悬垂性好等特点，主要适用于妇女的外衣、内衣面料及裙料等服装的制作。

第四章 服用织物的染整

知识目标

了解服用织物的前处理及染色和印花知识，了解创新染色技术的知识。

技能目标

理解服用织物的物理机械整理、化学整理及物理－化学整理的原理及区别。

情感目标

培养学生在服装设计中运用服用织物的染色及印花技术，学会观察分析不同整理方法之间的差异，并能进行相应的面料设计。

思维导图

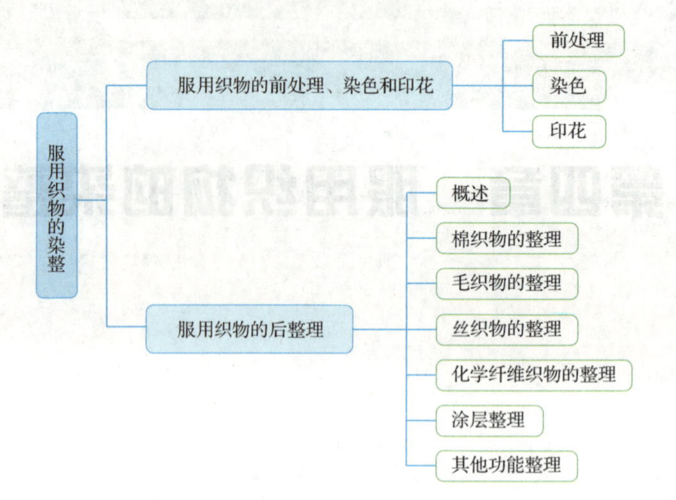
服用织物的染整
服用织物的前处理、染色和印花
前处理
染色
印花
服用织物的后整理
概述
棉织物的整理
毛织物的整理
丝织物的整理
化学纤维织物的整理
涂层整理
其他功能整理

服用织物的性能不仅与纤维原料、纱线种类以及织物组织结构等因素有关，还与织物的染整加工有着很大的关系。因此，服装工程技术人员要更加了解染整加工对服用织物性能的影响。

随着织物的染整加工技术的进步，织物档次将会被提高许多，也将赋予织物更加多样化、功能化、装饰化、时尚化的特点，以增加织物的“附加价值”。织物的染整加工技术是服装材料加工过程中不可缺少的工艺环节，其主要内容包括前处理、染色、印花及后整理。

第一节 服用织物的前处理、染色和印花

未经染整加工的织物统称为坯布或原布，其中少量将直接供应市场，而绝大多数仍需进行染印加工才能供服装和服饰使用。

一、前处理

前处理是染整加工的准备工序，是指坯布在受损较少的条件下，去除织物上的杂质，从而使织物成为洁白、柔软的印染半制品。不同的织物，对前处理工序的要求也各不相同，所要求的加工过程和工艺条件也各不相同。

前处理工序主要包括烧毛、退浆、煮练、漂白、增白、丝光、热定型等。

（一）烧毛

烧毛：除去织物表面上的绒毛，使表面整洁光滑，并且可以防止在染色、印花时因绒毛而产生染色不均匀等诸多问题。合成纤维纺织物烧毛可以避免或减少在服用过程中的起球现象。

织物烧毛是指将织物快速地通过火焰，或擦过炽热的金属表面，这时布面上存在的绒毛快速升温并燃烧，而布身比较紧密，升温较慢，在未达到着火点时，就离开火焰或炽热的金属表面，从而达到去除绒毛又不损伤织物的效果。

（二）退浆

织物退浆是指除去织物经纱上浆料的过程，同时也可以去除少量天然杂质，以便于以后进行煮练及漂白加工工序，有利于织物获得满意的染色效果。

我国应用较广的是碱退浆技术，即在热的烧碱作用下，淀粉或化学浆都会发生剧烈溶胀，使浆料与织物间的黏着力降低，然后使用热水和机械搓洗来退浆。

（三）煮练

织物煮练是指经过湿加工处理除去织物上的杂质，以便于进行染整加工工序。

棉及其混纺织物煮练的主要用剂是烧碱，常用的煮练助剂有表面活性剂、硅酸钠和亚硫酸氢钠等。煮练常采用间歇式或连续式的加工方式，常用的设备有煮布锅煮练、常压绳状连续汽蒸煮练、常压平幅连续汽蒸煮练等。

（四）漂白

织物漂白是指除去织物纤维上的色素，在不损害纤维本身的前提下赋予织物必要的亮度。棉型织物除了染黑色或深颜色以外，一般情况下在染色前均应该漂白，而合纤织物本身白度较高可不需漂白，但有时根据要求也可漂白。

目前，纯棉织物漂白应用最广泛的漂白剂是次氯酸钠，漂白成本较低，设备简单，但对退浆、煮练的要求很高。过氧化氢也是一种氧化漂白剂，白度高且稳定，对煮练要求低，漂白过程中无有害气体产生，但成本要比次氯酸钠高，在使用时需要不锈钢设备。

（五）增白

织物增白通常是指采用荧光增白剂对织物进行增白处理，可以有效地提高织物白度。荧光增白剂是一种近似无色的染料，对纤维具有一定的亲和力，在含有较多紫外线光源的照射下，荧光增白剂能提高织物的明亮度。

荧光增白剂的用量过高会导致织物略呈黄色，所以，在使用中用量要适度。荧光增白剂不仅使用于漂白布的加工，也常常使用于浅色印花布的加工，使花布的白底更为洁白，色泽更加鲜艳。棉布常用荧光增白剂 VBL 或 VBU，它们具有与直接染料类似的性质。涤纶、锦纶及其混纺织物以采用荧光增白剂 DT 为多，其性能与分散染料相似，在涤纶上牢度最好。

（六）丝光

织物丝光是指棉、麻织物在一定张力下，用浓烧碱溶液处理的加工过程。经过丝光处理的棉、麻织物，其强力、柔软性、光泽、可染性、吸水性等都会得到一定程度的提高。涤棉混纺织物的丝光，实际上也是针对其中棉纤维而进行的，丝光过程基本上与棉布相似。

棉的丝光以织物或纱线的形态进行。绝大多数的棉布和棉纱在染色前都经过丝光。用液（态）氨对棉纤维进行处理也会获得与浓烧碱溶液丝光一样的变化，然而，棉纤维的溶胀变化程度不如碱丝光剧烈，但处理效果均匀，特别是织物的弹性和手感会获得一定程度的改善。

（七）热定型

织物热定型是指将织物保持一定的尺寸，经高温加热一定的时间，然后以适当速度冷却的过程。热定型的目的在于去除织物上已经存在的皱痕，防止织物在湿热的条件下产生难以去除的皱痕，提高织物的热稳定性。

二、染色

图 4-1　染色服装

（一）概述

染色是指用染料按一定的方法使纤维或织物获得颜色的加工过程，如图 4-1 所示。染色需要在一定温度、时间和采用染色助剂等条件下进行，各类织物的染色都有各自适用的染料和相应的工艺条件。

1. 染色织物的质量要求

织物通过染色过程所得的颜色应该符合指定颜色的色泽、均匀度和染色牢度等要求。

均匀度是指染料在染色产品表面以及在纤维内部的均匀程度。

染色牢度是指染色产品在使用过程中或以后的加工处理过程中，织物上的染料能经受各种外界因素的作用而保持其原来色泽的性能。染色牢度根据染料在织物上所受外界因素作用性质不同而分类，主要有耐洗色牢度、耐磨色牢度、耐日晒色牢度、耐汗渍色牢度、耐热压色牢度、耐干热色牢度、耐气候色牢度、耐酸滴和碱滴色牢度、耐干洗色牢度等。染色产品的用途不同，对染色牢度的要求也不一样。例如，夏季服装面料应具有较高的耐水洗及耐汗渍色牢度；婴幼儿服装应具有较高的耐唾液色牢度及耐汗渍色牢度。

2. 织物染色的方法

织物染色的方法主要分为浸染和轧染两种。

浸染是将织物持续浸泡在染液中，使织物和染液相互接触，经过一定时间把织物染上颜色的染色方法。它常用于小批量织物的染色，还用于散纤维和纱线的染色。

轧染是先把织物浸泡于染液，然后使织物通过轧辊的压力，轧去多余的染液，同时把染液均匀轧入织物内部组织空隙中，再经过汽蒸或热熔等固色处理的染色方法。它适用于大批量织物的染色。

（二）染料与颜料

1. 染料

染料（如图 4-2 所示）是一种有色化合物，它能将纤维或其他基质染成一定的颜色。大多数染料可以溶于水，在染色时通过一定的化学试剂处理变成可溶状态。

染料根据其来源可分为天然染料和合成染料两种。

染料根据其化学结构分类，如偶氮染料、三芳甲烷染料、靛类染料、硫化染料等。在实际使用过程中，常根据染料的应用性能来分类，主要分为直接染料、活性染料、还原染料（士林染料）、硫化染料、不溶性偶氮染料、酸性染料、酸性媒染染料、酸性含媒染料、阳离子染料（碱性染料）、分散染料等。

2. 颜料

颜料（如图 4-3 所示）是指不溶于水的有色物质，包括有机颜料和无机颜料两大类。

颜料对纤维没有亲和力，因此在纤维上无法染色，必须依靠黏合剂的作用而将颜料机械黏着在纤维制品的表面。颜料添加黏合剂，或添加其他助剂调制成上色剂称为涂料色浆。在美术用品商店出售的织物手绘颜料则属此类。

用涂料色浆对织物进行着色的方法称为涂料染色或涂料印花。涂料染色的牢度主要取决于黏合剂与纤维结合的牢度。随着黏合剂性能的不断提高，近年来涂料染色与印花技术应用广泛，因为颜料可以适用于各种纤维，对纤维无选择性且色谱齐全，具有工艺简单、不需水洗、污染少等特点。

图 4-2　染料

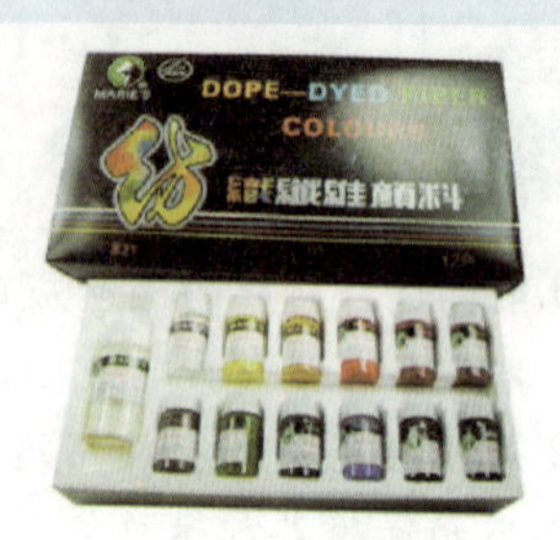

图 4-3　颜料

（三）各类染料的染色性能

1. 直接染料

直接染料是应用于棉及粘胶纤维的染色。该类染料对纤维素纤维可直接进行染色。直接染料优点是价格便宜、工艺简单、色谱齐全且鲜艳；缺点是染色的湿处理牢度不够理想，一般要通过固色剂处理加以改善，耐日晒牢度差异较大。目前，直接染料在纤维素纤维的成衣染色中应用较为广泛，也可用于蚕丝的染色。

2. 活性染料

活性染料又称为反应性染料，其分子结构中含有可与纤维素纤维上的羟基或蛋白质纤维上的氨基反应的基团（活性基团），与纤维分子之间通过共价键结合，由于共价键的键能较高，因此，该类染料具有良好的耐水洗牢度。活性染料由于色谱齐全、色泽鲜艳、匀染性好、使用方便，因此，成为目前纤维素纤维染色的一类最主要的染料。活性染料主要用于棉、麻、丝、毛等纤维的染色。

3. 还原染料（士林染料）

还原染料不溶于水，染色时需加烧碱和还原剂（保险粉）先还原成可溶性的隐色体钠盐，才能染上纤维，然后经氧化将纤维上的隐色体氧化成原来的不溶性染料，纤维上才显出染料原来的色泽。该类染料具有优异的耐水洗及耐日晒牢度，但价格较贵，工艺烦琐，染色成本高，主要用于纤维素纤维的染色。靛蓝是还原染料中一个特殊的品种，如传统的牛仔裤及云南的蜡染布即用此类染料，该类染料的牢度较差。

4. 硫化染料

硫化染料与还原染料相似，是一类不溶于水的染料，染色时在碱性条件下采用还原剂还原成可溶状态，才能对纤维素纤维进行上染，上染后也要经过氧化才能恢复为原来的不溶性染料而固着在纤维上。该类染料成本低，具有良好的水洗牢度，黑色品种耐日晒牢度优良，目前，纤维素纤维的黑色品种主要采用硫化染料。硫化染料不耐氯漂，对纤维有脆损作用，所使用的还原剂硫化碱对环境污染较大。

5. 不溶性偶氮染料

不溶性偶氮染料是由偶合部分（色酚）和重氮组分（色基）的重氮盐在纤维上偶合生成的一类不溶于水的偶氮染料。染料色泽浓艳，具有优良的耐水洗牢度，但耐摩擦牢度较差，主要用于纤维素纤维染深色，如大红的颜色。

6. 酸性染料

酸性染料分子上均带有酸性基团，易溶于水，在酸性、弱酸性或中性条件下能够对蛋白质纤维和聚酰胺纤维进行染色的一类阴离子染料。该类染料色谱齐全、色泽鲜艳、工艺简便。酸性染料又分为强酸性、弱酸性及中性浴染色的酸性染料，前一种匀染性较好，但染色牢度较差；后两种匀染性较差，但染色牢度较好。酸性染料主要用于羊毛、蚕丝、锦纶、皮革的染色。

7. 酸性媒染染料

酸性媒染染料染色前、染色过程中或上染到纤维上后必须加用媒染剂才能获得良好的染色牢度和预期光泽，其耐皂洗及耐日晒牢度较酸性染料好，只是颜色不如酸性染料鲜艳，主要用于羊毛或皮革的染色。

8. 酸性含媒染料

酸性含媒染料是一类含有媒染剂的络合金属离子的酸碱性染料，将染料分子与金属离子以2∶1络合制成的染料可在中性条件下进行染色，故又称中性染料，对羊毛、锦纶等的染色牢度较好，但颜色不够鲜艳。

9. 阳离子染料（碱性染料）

阳离子染料是色素离子带有正电荷的一类染料，是在早先碱性染料的基础上发展起来的。腈纶出现后，发现可以用碱性染料染色，牢度较好，于是开发出了一类色泽鲜艳、牢度好、适合腈纶染色的专用染料，这类染料称为阳离子染料。

10. 分散染料

分散染料属于非离子型染料，微溶于水，在水中以极细的颗粒存在，要靠分散剂将染料制成稳定的分散液后进行染色，主要用于涤纶和醋酯纤维的染色，也可用于染锦纶、维纶等，其耐水洗及耐日晒牢度较好。

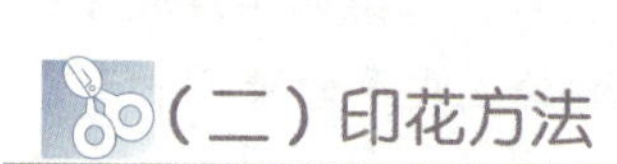

三、印花

（一）概述

织物局部印制上染料或颜料而获得花纹或图案的加工过程称为印花，如图 4-4 所示。印花绝大部分是织物印花，其中主要是纤维素纤维织物、蚕丝绸和化学纤维及其混纺织物印花，毛织物的印花较少。纱线、毛条也有印花的。

织物印花是一种综合性的加工过程。它的全过程一般包括图案设计、花筒雕刻（或筛网制版）、色浆配制、印制花纹、蒸化、水洗后处理等几个工序。

图 4-4　印花服装

（二）印花方法

1. 按设备不同分类

（1）辊筒印花

由若干个刻有凹纹的印花铜辊，围绕着一个承压滚筒呈放射状排列，称为放射式凹纹辊筒印花机，在这种印花机上进行的印花称为辊筒印花。其优点是：劳动生产率高，适用于大批量生产；花纹轮廓清晰、精细，富有层次感；生产成本较低。缺点是：印花套色数受到限制；单元花样大小和织物幅宽所受的制约较大；织物上先印的花纹受后印的花筒的挤压，会造成传色和色泽不够丰满，从而影响了花色鲜艳度。

（2）筛网印花

用筛网作为主要的印花工具，有花纹处呈镂空的网眼，无花纹处网眼被涂覆，印花时，色浆刮过网眼转移到织物上。筛网印花的特点是对单元花样大小及套色数限制较少，花纹色泽浓艳，印花时织物承受的张力小，因此，特别适合于易变形的针织物，如丝绸、毛织物及化纤织物的印花。但其生产效率比较低，适宜于小批量、多品种的生产。根据筛网的形状，筛网印花可分为平版筛网印花和圆筒筛网印花。

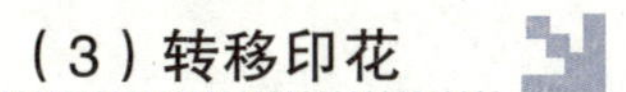

（3）转移印花

转移印花是先将花纹用染料制成的油墨印到纸上，而后在一定的条件下将转印纸上的染料转移到织物上去的印花方法。利用热量使染料从转印纸上升华而转移到合成纤维上去的方法叫作热转移法，用于涤纶等合成纤维织物。利用在一定湿度、压力和溶剂的作用下，使染料从转印纸上剥离而转移到被印织物上去的方法叫作湿转移法，一般用于棉织物。转移印花的图案花型逼真，艺术性强，工艺简单，节能无污染。其缺点是纸张消耗量大，成本有所提高。

（4）全彩色无版印花

全彩色无版印花是一种无须网版及应用计算机技术进行图案处理和数字化控制的新型印花体系，工艺简单、灵活。全彩色无版印花有静电印刷术印花和油墨喷射印花两种。

2. 按印花工艺不同分类

（1）直接印花

直接印花是将含有染料或颜料、糊料、化学药品的色浆直接印在白色织物或浅底色织物上（色浆不与底色染料反应），获得各色花纹图案的印花方法。其特点是印花工序简单，适用于各类染料，故广泛用于各类织物印花。

（2）拔染印花

拔染印花是在织物上先染底色后印花，通过印花色浆中能破坏底色的化学药剂（称“拔染剂”）在有色织物上显出图案的印花方法。印花处成为白色花纹的拔染工艺称为拔白印花。如果在含拔染剂的印花色浆中，还含有一种不被拔染剂所破坏的染料，在破坏底色的同时，色浆中的染料随之染上，从而使印花处获得有色花纹的称为色拔印花。拔染印花能获得底色丰满、轮廓清晰、花纹细致、色彩鲜艳、花色与底色之间无第三色的效果。缺点是印花工艺烦琐，成本较高。

（3）防染印花

防染印花是在未经染色（或尚未显色，或染色后尚未固色）的织物上，印上含有能破坏或阻止底色染料上染（或显色，或固色）的化学药剂（称“防染剂”）的印浆，局部防止染料上染（或显色）而获得花纹印花的印花方法。织物经洗涤后印花处呈白色花纹的称为防白印花；若在防白的同时，印花色浆中还含有与防染剂不发生作用的染料，在底色染料上染的同时，色浆中染料上染印花之处获得有色花纹，这便是着色防染印花（简称“色防”）。防染印花工艺流程较短，适用的底色染料较多，但花纹一般不及拔染印花精细。

第二节 服用织物的后整理

一、概述

整理是织物经染色或印花以后的加工过程，是通过物理、化学以及物理与化学相结合的方法，采用一定的机械设备，旨在改善织物内在质量和外观，提高服用性能，或赋予其某种特殊功能的加工过程，是提高产品档次和附加值的重要手段。

服用织物整理的内容十分广泛，整理方法也很多，可以按被加工织物的纤维种类来分，如棉、毛、丝、麻及合成纤维织物的整理；也可以按照被加工织物的组织结构分类，如机织物和针织物的整理;还可以按整理目的和加工效果分类等。但不管是按哪一种分类方法都不可能划分得十分清楚。若按整理方法来分类，大致分为 3 类。

（一）物理机械整理

物理机械整理是利用水分、热能、压力或拉力等机械作用来改善和提高织物的品质，来达到整理目的的方法。其特点是纤维在整理过程中，只有物理性能变化，不发生化学变化。例如，使织物的幅宽整齐划一、尺寸稳定的整理称为形态稳定整理，如拉幅、机械防缩和热定型等；还有可以增进和美化织物外观，赋予织物一定光泽的整理，如轧光、电光、轧纹、起毛、剪毛、缩呢、煮呢和蒸呢等。

（二）化学整理

化学整理是利用一定的化学整理剂的作用，以达到提高和改善织物的品质、改变织物服用性能的加工方式。化学整理剂与纤维在整理过程中形成化学的和物理 - 化学的结合，使整理品不仅具有物理性能变化，而且还有化学性能变化。例如，纤维素纤维织物经过树脂整理可以达到抗皱免烫、防缩的目的；根据织物用途，采取一定的化学处理等特殊功能的特殊整理，可以使之具有防水、阻燃、防毒、防污、抗菌、杀虫、抗静电、防霉、防蛀的作用；采用某些化学药品的柔软整理和硬挺整理可以改善织物的触感，使织物获得或加强诸如柔软、丰满、硬挺、粗糙、轻薄等综合性触感。

（三）物理 - 化学整理

随着整理加工的深入发展，为了提高机械整理的耐久性，可以将机械整理和化学整理结合进行。其特点是整理品在整理加工过程中，既有机械变化，也有化学变化。例如，纺织物的油光防水整理、耐久性轧纹整理和仿麂皮整理等。

当然，上述整理方法之间并无严格界限，一种整理方法可能同时达到多种整理效果，实际生产中可根据纤维的种类、织物的类型及其用途以及整理的要求来制定合适的整理工艺，以获得最佳的整理效果。

二、棉织物的整理

棉织物的整理包括物理和化学两个方面。前者如拉幅、轧光、电光、轧纹以及机械预缩整理等，后者如柔软整理、硬挺整理及树脂整理（防缩、防皱）等。将机械性整理和化学联合应用，可以获得耐久的轧光、电光和轧纹、防缩防皱等整理效果。

（一）拉幅

织物在漂、染、印等加工过程中，经常受到经向张力，迫使织物的经向伸长，纬向收缩，并产生诸如幅宽不匀、布边不齐、折皱、纬纱歪斜以及织物经过烘筒烘燥机干燥之后，手感变得粗糙并带有极光等缺点。为了使织物具有整齐划一的幅宽，同时又能纠正上述缺点，一般在棉布染整加工基本完成后，都需要经过拉幅。

拉幅整理是根据纤维在潮湿状态下具有一定可塑性的性质，将其幅宽缓缓拉至规定尺寸，达到均匀划一、形态稳定、符合成品幅宽的规格要求。此外，含合纤的织物需经高温拉幅。毛、丝、麻等天然纤维以及吸湿性较强的化学纤维在吸湿状态下都有不同程度的可塑性，也能通过此类方法达到定幅的目的。依据上述原理，拉幅实质上是一个稳定织物形态的过程，以“定幅”来描述更为确切，但在生产中，把这一过程称为“拉幅”已成为习惯，所以沿用至今。

织物拉幅在拉幅机上进行。拉幅机有布铗热风拉幅机和针板拉幅机等，包括给湿、拉幅和烘干 3 个主要部分，有时还附有整纬等辅助装置。棉织物的拉幅多采用前者，而后者多用于毛织物、丝织物和化学纤维织物等的拉幅加工。布铗热风拉幅机用于轧水、上浆、增白、柔软整理、树脂整理及拉幅烘干等工艺。针板拉幅机能给予织物一定的超喂量，又有利于布边均匀干燥，树脂整理烘干常常采用该形式，但由于拉幅烘干后布边留有小孔，对某些织物（如轧布纹、电光布或特厚织物）不适用。

（二）轧光、电光及轧纹整理

轧光、电光及轧纹整理都属于增进和美化织物外观的整理。前两种以增进织物光泽为主，后者则使织物被轧压出具有立体感的凹凸花纹和局部光泽效果。

轧光整理是利用了棉纤维在湿、热条件下具有一定可塑性的特点。织物在一定的温度、水分及机械压力下，纱线被压扁，竖立的绒毛被压伏在织物的表面，从而使织物表面变得平滑光洁，对光线的漫反射程度降低，从而增进了光泽。

电光整理原理是通过表面刻有密集细平行斜线的加热辊与软辊组成的轧点，使织物表面轧压后形成与主要纱线捻向一致的平行斜纹，对光线呈规则的反射，以改善织物中纤维的不规则排列现象，给予织物如丝绸般柔和的光泽外观。

轧纹整理是利用刻有花纹的轧辊轧压织物，使其表面产生凹凸花纹效应和局部光泽效果。轧纹机由一支软辊筒（纸粕）和一支钢制可加热硬辊组成，硬辊筒上刻有阳纹的花纹，软辊筒为阴文花纹，两者相互吻合。织物经轧纹机轧压后，即产生凹凸纹，起到美化织物的作用。轧纹整理目前有 3 种：轧花、拷花和局部上光。

无论是轧光、电光或轧纹整理的哪一种，若单纯采用机械方法进行加工，其效果都不耐洗，但若与高分子树脂整理联合整理加工，则可获得耐久性的整理效果。

（三）机械预缩整理

织物在前处理、染色和印花加工后，虽然拉幅整理具有一定的幅宽，但在浸水洗涤或受热情况下仍具有一定的尺寸收缩现象，该现象称为收缩性。收缩性不仅会降低织物的尺寸稳定性、破坏外观，而且还会影响穿着舒适感。过大的收缩，会导致衣服不能再继续使用。对于带有里衬的服装，其面料和里衬往往会采用不同的织物，两者收缩性差异较大，会使缝合的几何形状失去一致性，影响服装质量。

织物在常温水中发生的尺寸收缩称为缩水性，用织物缩水率来表征。织物缩水率通常以织物按规定方法洗涤前后的经向和纬向的长度差占洗涤前长度的百分比来表示。

不同纤维制成的织物，其收缩性不尽相同。例如，某些毛织物在初次洗涤及以后洗涤中，都容易发生很大的收缩，同时，还易发生毡缩。而棉和麻纤维织物的初次收缩虽然有时较大，但其后续收缩都不是很高。纤维素纤维和合成纤维混纺织物经过热定型后，其缩水性不大。此外，织物的收缩情况还与织物的结构以及织物经过的加工过程有关。

织物机械预缩整理是目前用来降低缩水率的有效方法之一。其基本原理是利用机械物理方法改变织物中经向纱线的屈曲状态，使织物的纬密和经纱屈曲增加、织物的长度缩短，且使织物具有松弛结构，从而消除经向的潜在收缩。湿润后，由于经纬间留有足够的余地，便不再引起织物经向长度的缩短。由于原来存在的潜在收缩在成品前已预先缩回，从而解决或改善了织物的经向缩水问题。

预缩整理机，如毛毯压缩式预缩整理机或橡胶毯压缩式预缩整理机等，都是利用一种可压缩的弹性物体，如毛毯、橡胶作为被压缩织物的介质。由于这种弹性物质具有很强的伸缩特性，塑性织物紧压在该弹性物体表面上，也将随之产生拉长或缩短的效果，从而使织物达到预缩的目的。

（四）柔软整理

织物经过煮练、漂白以及印染后，都会产生粗糙的手感，原因很多，如织物在前处理中被去除了所含有的天然油脂蜡质以及合成纤维上的油剂，从而使织物变得手感粗糙；经树脂整理后的织物和经高温处理后的合成纤维及其混纺织物手感也会变得粗硬。因此，几乎所有织物都要在后整理时为改善手感进行柔软整理，以使织物柔软、丰满、滑爽或富有弹性。常用的柔软整理方法有机械整理法和化学整理法。

机械柔软整理主要是利用机械方法，在张力状态下，将织物多次揉屈，以降低织物的刚性，使织物能回复至适当的柔软度。化学柔软整理是采用柔软剂对织物进行柔软整理的方法。柔软剂是指能使织物产生柔软、滑爽作用的化学药剂，其作用是减少织物中纱线之间和纤维之间的摩擦阻力以及织物与人体之间的摩擦阻力。

柔软剂按其耐洗性可分为暂时性和耐久性两大类，按分子组成可分为表面活性剂型、反应型及有机硅聚合物乳液型 3 类。表面活性剂中的阳离子型柔软剂既适用于纤维素纤维，也适用于合成纤维的整理，应用较广。反应型柔软剂可与纤维素纤维的羟基发生共价反应，使织物具有耐磨、耐洗的效果，故又称耐久性柔软剂。有机硅柔软剂又称硅油，柔软效果较好。

（五）硬挺整理

硬挺整理是以改善织物手感为目的的整理方法。它利用具有一定成膜性能的天然或合成高分子物质制成浆液，在织物表面形成薄膜，使织物获得具有平滑、硬挺、厚实、丰满等各种触摸感觉，从而提高织物的强力和耐磨性，延长其使用寿命。硬挺整理时所采用的高分子物质一般称为浆料，以往采用的浆料多为小麦（或玉米）淀粉或淀粉的变性产物（如甲基纤维素 MC）等，目前，多采用野生浆料（如田仁粉）及合成浆料（如聚乙烯醇，简称 PVA）等。

（六）树脂整理（防缩防皱）

树脂整理是以单体、聚合物或交联剂对纤维素纤维及其混纺织物进行处理，使其具有防皱性能的整理方法。从整理发展过程看，树脂整理经历了防缩防皱、洗可穿和耐久性压烫整理 3 个阶段。防缩防皱整理只赋予整理品干防缩防皱性能；洗可穿整理品既具有干防缩防皱性能，又具有良好的湿防缩防皱性能；耐久性压烫整理通过对成衣进行压烫，赋予整理品平整挺括和永久性褶裥的效果。

树脂整理后的织物弹性可显著地提高，粘胶纤维织物的缩水性能也得到了一定的改善，但织物的主要力李性能，如断裂强力、断裂延伸度、耐磨性和撕破强力等都有不同程度的下降，这些性能与织物的服用性能是密切相关的。尽管力学性能的变化影响了整理品的耐用性，但只要采用合适的整理工艺，将整理品力学性能的变化控制在允许的范围内，由于弹性的提高，改善了整理品的耐疲劳性能，不仅不会影响织物质量，反而可以提高耐用性。

树脂整理工艺主要有两种，即预烘焙法和延迟烘焙法。预烘焙法主要采用织物浸轧树脂、烘干、高温焙烘（形成交联），而后再进行服装加工，印染厂主要采用此法。延迟焙烘法是先将织物浸轧树脂烘干后，制成服装，然后再根据要求进行压烫、焙烘。服装厂也可以将服装直接进行树脂整理，即将服装通过浸渍树脂液（或喷雾法），然后脱液烘干，再进行焙烘处理。目前，大多数的纯棉免烫服装均采用此种方法生产。

用甲醛、多聚甲醛和酰胺 - 甲醛类树脂整理织物在一定条件下会释放出甲醛。甲醛是一种有毒物质，微量甲醛（1~2 mg/kg）就会对人体的皮肤产生刺激，影响消费者的健康，因此，衣服上的甲醛含量越来越引起人们的关注。各国政府都先后制定了各种控制织物释放甲醛的法规和标准，研究了各种降低整理品释放甲醛的措施，开发生产了少甲醛或无甲醛的整理剂。

三、毛织物的整理

毛织物的品种有很多，按其纺织加工方法的不同，可分为精纺毛织物和粗纺毛织物两大类。精纺毛织物结构紧密、纱支较高、呢面光洁、织纹清晰而富有弹性，要求整理后的织物紧密厚实，光滑柔软，表面绒毛均匀整齐，不露底、不脱落、不起球。根据毛织物的品种和外观风格不同，可分为光洁整理、绒面整理、呢面整理。具体来说，精纺毛织物的整理内容有煮呢、洗呢、拉幅、干燥、刷毛和剪毛、蒸呢及电压等；粗纺毛织物的整理内容有缩呢、洗呢、拉幅、干燥、起毛、刷毛和剪毛等。

毛织物在湿、热条件下，借助于机械力的作用进行的整理，称为湿整理。毛织物的湿整理包括洗呢整理、煮呢整理、缩呢整理和烘呢拉幅整理等。在干态条件下，利用机械力和热的作用改善织物性能的整理称为干整理，有起毛整理、剪毛整理、刷毛整理、蒸呢整理和电加压整理、防毡缩整理、防皱整理和耐久压烫整理以及防蛀整理等。

（一）毛织物的湿整理

1. 洗呢整理

洗呢主要是去除纺纱时的毛油、织造过程中上的浆料以及其他油污、尘埃等杂质，可改善羊毛纤维的光泽、手感、湿润及染色性能。洗呢是利用洗净剂对羊毛织物润湿、渗透，再经机械挤压作用使污垢脱离组织，分散于洗呢液中的整理方法。在实际生产中，以乳化洗呢剂最为普遍，常以肥皂和阴离子净洗剂（如净洗剂 LS、洗涤剂 209、雷米邦 A 等）及非离子表面活性剂（如洗涤剂 105）为洗呢剂。不同的洗呢剂有不同的洗呢效果，应根据呢坯的含杂和产品风格要求选择合适的洗呢剂。目前，洗呢设备以绳状洗呢机为主。影响洗呢效果的因素有温度、时间、pH 值、浴比和洗呢剂等。

2. 煮呢整理

煮呢主要用于精纺毛织物整理，在烧毛或洗呢后进行。煮呢是将呢坯以平幅状态置于热水中，在一定的张力和压力下进行定型的过程。其目的是使织物不仅尺寸稳定，避免以后湿加工时发生变形、折皱等现象，同时也使呢面平整，赋予织物柔软和丰满的手感及良好的弹性。煮呢的原理是利用湿、热的张力作用，使盐式键等减弱和拆散，降低纤维在纺织加工过程中的内应力，同时使分子链取向伸直，在新空间位置建立新的稳定的交联，提高羊毛纤维的形状稳定性，减少不均匀收缩性，从而产生较好的定型效果。

3. 缩呢整理

缩呢又称缩绒，是粗纺毛织物的基本加工过程之一。缩呢是在温度、湿度及机械力的作用下，利用羊毛的缩绒性能，使织物在长度和宽度方向达到一定程度的收缩，即产生缩绒现象。通过缩绒使织物表面覆盖一层绒毛，将织纹遮盖，使织物的厚度增加，手感丰满柔软，保暖性更佳。精纺毛织物一般不缩呢，少数需要绒面或要求呢面丰满的精纺织物，可采用轻缩呢工艺。常用的缩呢设备有滚筒式缩呢机和洗缩联合机。

4. 烘呢拉幅整理

脱水后的毛织物需进行烘呢拉幅整理，目的在于烘干织物，并保持一定的回潮率和稳定的幅宽，以便进行干整理加工。由于毛织物较为厚实，烘干所需热量较大，对于精、粗纺毛织物的烘干，多采用多层针铗式热风拉幅烘燥机。在烘呢拉幅中，既要烘干，又要保持一定的回潮率，使织物手感丰满柔软，幅宽稳定。另外，对于要求薄、挺、爽风格的精纺薄型织物，应增大经向张力，增大伸幅；而精纺中的厚织物，要求丰满厚实，经向张力可以低些，伸幅不宜过大。

（二）毛织物的干整理

1. 起毛整理

在粗纺织物中，除少数品种外，大部分需进行起毛整理，起毛是粗纺织物的重要整理加工过程；而精纺毛织物要求呢面清晰、光洁，一般不进行起毛整理。起毛的目的是使织物呢面具有一层均匀的绒毛覆盖织纹，使织物的手感柔软丰满，保暖性能增强，光泽和花型柔和优美。起毛的原理是通过机械作用，将纤维末端均匀地从纱线中拉出，使布面覆盖一层绒毛。根据起毛工艺的不同，可产生直立短毛、卧状长毛和波浪形毛等。应该注意，织物经起毛后由于经受了剧烈的机械作用，织物强力会有所下降，质量减小，在加工中应引起重视。

2. 剪毛整理

无论精纺或粗纺的毛织物，经过染整加工，呢面绒毛杂乱不齐，都要经过剪毛，但各自的要求不同。精纺毛织物要求剪去表面绒毛，使呢面光洁、织纹清晰，以提高光泽、增进外观效果；而粗纺毛织物要求剪毛后，绒毛整齐，绒面平整，手感柔软。

3. 刷毛整理

织物在剪毛前后，均需进行刷毛。前刷毛是为了除去毛织物表面杂质及各种散纤维，同时可使纤维尖端竖起，便于剪毛；后刷毛是为了去除剪下来的乱屑，并使表面绒毛梳理顺直，增加织物表面的美观、光洁。因此，织物往往均需通过前后两次刷毛加工。

4. 蒸呢整理

蒸呢和煮呢原理相同，煮呢是在热水中给予张力定型，而蒸呢是织物在一定张力和压力的条件下用蒸汽蒸一定时间，使织物呢面平整挺括、光泽自然、手感柔软而富有弹性，从而降低缩水率，提高织物形态的稳定性。对毛织物在蒸汽中施以张力进行蒸呢时，可使羊毛纤维中部分不稳定的二硫键、氢键和盐式键等逐渐被减弱、拆散，使内应力减小，从而消除呢坯的不均匀收缩现象，同时在新的位置形成新的交联，产生定型作用。

5. 电加压整理

电加压整理常用于对精纺毛织物的干整理。经过湿整理和干整理的精纺织物，表面还不够平整，光泽较差，需经电加压整理进一步整理织物的外观，即在一定的温度、湿度及压力的作用下，通过电热板加压一定的时间，使织物呢面平整、身骨挺括、手感润滑，并具有悦目的光泽。

6. 防毡缩整理

毛织物在洗涤过程中，除了内应力松弛而产生的缩水现象外，还会因为羊毛纤维的弹性特点尤其是定向摩擦效应而引起纤维之间发生缩绒，即毡缩。毡缩会使毛织物结构变得紧密，蓬松性、柔软性变差，影响织物表面织纹的清晰度，同时，使织物的面积收缩，形态稳定性降低，因而降低了产品的服用性能。防缩绒整理的基本原理是减小纤维的定向摩擦效应，即通过化学作用适当破坏羊毛表面的鳞片层，或者在纤维表面沉积一层聚合物（树脂），前者称为“减法”防毡缩整理，后者称为“加法”防毡缩处理，目的都是使羊毛纤维之间在发生相对移动时不会产生缩绒现象。

7. 防皱整理和耐久压烫整理

羊毛纤维具有良好的弹性，但在湿热条件下，羊毛纤维的防皱性能较差，在外力作用下易发生变形。若将羊毛纤维在湿热条件下经受一定时间的热处理和化学整理，在纤维上形成交联或树脂沉积，把热处理后的防皱效果固定下来，可提高羊毛纤维的耐久性；也可通过化学定型整理，提高羊毛纤维大分子链间交联的稳定性，可改善羊毛纤维的防皱效果。

8. 防蛀整理

羊毛制品在储存和服用期间，常被蛀虫蛀蚀，造成严重的损伤，因此，对羊毛的防蛀整理非常有必要。一般蛀虫都喜欢阴暗潮湿的地方，所以，在羊毛织物中受虫蛀危险性最大的是长期储藏的织物。羊毛及其制品防蛀的方法很多，一是物理性预防法，即保存毛织物应选择干燥阴凉的地方，并经常晾晒；二是采用化学防蛀整理。防蛀剂是一种普及的工业生产防蛀物质，具有杀虫、防虫能力，它是通过对羊毛纤维的吸附而固着于纤维上来起到防蛀作用。防蛀剂应具有杀虫效力高、毒性小、对人体无危害、不降低毛织物服用性能及不影响染色牢度的特点。

四、丝织物的整理

丝织物整理是在不影响蚕丝固有特性的基础上，赋予其一定的光泽、手感及特殊功能，以提高其服用性能。丝织物整理包括机械整理和化学整理两大类。机械整理的目的是通过物理的方法来改善和提高丝织物外观品质和服用性能。丝织物对成品的风格要求随品种不同采用的机械整理工艺不同，如缎纹织物要求平滑、细软，并具有闪耀的光泽；绉织物要求有明显的绉效应，并具有柔软、滑爽的手感。此外，丝织物虽具有光泽柔和优雅、外观轻薄飘逸、手感柔软滑爽等特点，但也有悬垂性差、湿弹性低、缩水率高，且易起皱、泛黄等天然缺陷，因此，必须进行化学整理，即通过各种化学整理剂对丝纤维进行交联、接枝、沉积或覆化，以改善丝纤维的外观品质和内在质量，并保持丝纤维原有的优良性能。

丝织物的机械整理包括烘燥烫平、拉幅、预缩、蒸绸、机械柔软、轧光和刮光整理等。

丝织物的化学整理包括手感整理、增重整理和树脂整理。

五、化学纤维织物的整理

（一）仿绸整理

涤纶织物在碱的水解作用下，可以产生良好的手感，具有透气性、丝绸般的光泽以及平挺柔软、滑爽和飘逸的风格，同时保持了涤纶挺括、弹性好的优点，该整理工艺称为仿绸整理。

（二）仿麂皮整理

人造麂皮是以超细纤维制成的基布经起毛、磨毛和弹性树脂整理的产品，具有柔软丰满、表面绒毛细腻、悬垂性优良及形状尺寸稳定的特点，产品的外观、风格和性能都酷似天然麂皮。人造麂皮的种类繁多，按其外观和手感风格可分为磨绒型、木纹型、羚羊毛型、驼马绒型和开司米型等；从质量和厚度来分有厚型、中厚型和轻薄型等，产品色调和风格也多种多样。

六、涂层整理

涂层是近年来发展较快的一项新技术。涂层整理是在织物表面的单面或双面均匀地涂上一薄层（或多层）具有不同功能的高分子化合物等涂层剂，从而使产品得到不同色彩的外观或特殊功能的整理方法，属于表面整理技术，具有多功能的特点。

涂层整理种类繁多，按产品的不同要求，可使织物具有金属亮光、珠光效应、双面效应及皮革外观等不同效果，也可赋予织物高回弹性和柔软丰满的手感及特种功能。另外，若在织物表面涂上不同功能的涂料，便可分别得到防水、防油、防火、防紫外线、防静电、防辐射等功能性涂层织物。

涂层整理剂的种类也很多，按其化学结构分类，以聚氨酯和聚丙烯酸酯类涂层剂最为常用。涂层方式按涂布方法分类，有直接涂层、热熔涂层、转移涂层和黏合涂层等。

七、其他功能整理

（一）防污整理

织物沾污是由颗粒状污物和油污通过物理性接触、静电作用或洗涤过程而黏附嵌留在织物上。嵌留在织物上的固体污物在洗涤过程中容易除去，黏附在织物尤其是疏水性纤维如涤纶织物上的油污或混有油污的颗粒物质比较难去除。因此，目前常用的防污整理有拒油整理和易去污整理两大类。

拒油整理即用拒油整理剂处理织物，在纤维上形成拒油表面的整理工艺过程。经过拒油整理的织物对表面张力较小的油脂具有不被润湿的特性，耐洗、手感好。易去污整理主要用于合成纤维及其混纺织物，可以赋予织物良好的亲水性，使黏附在织物上的油脂类污垢容易脱落，从而降低洗涤过程中污垢重新沾污织物的机会。

（二）阻燃整理

大多数纺织纤维在 300 ℃左右时可以进行分解，同时产生可燃性的气体和挥发性液体。织物经阻燃整理后，不易燃烧或离开火源后能自行熄灭或能抑制火焰蔓延。阻燃整理已广泛应用于交通、军事、民用产品（如童装、工作服、床上用品）等方面。

（三）卫生整理

卫生整理的目的是在保持织物原有品质的前提下，提高其抗微生物能力（包括防霉、抗菌、防蛀等），消灭织物上附着的微生物，以阻断病菌传播和损伤纤维的途径，使织物在一定时间内保持卫生状态。卫生整理用品可用于衣服、袜子、鞋垫、床上用品、医疗卫生用品等。

（四）抗静电整理

织物在相互摩擦中，会形成大量的电荷，但不同纤维表现出不同的静电现象，天然纤维棉、麻等织物几乎不会感到有带电现象，合成纤维丙纶、腈纶等产生较强的静电现象，诸如静电火花、电击及静电沾污等。这是由于各种纤维的表面电阻不同，产生静电荷以后的静电排放差异也较大。抗静电整理的目的就是提高纤维材料的吸湿能力，改善其导电性能，减少静电积聚现象。抗静电整理分为非耐久性和耐久性两大类。

第五章　服装用毛与皮革

知识目标

了解服装用毛皮与皮革的知识，了解毛皮与皮革的特点及性能。

技能目标

掌握服装用毛皮与皮革的分类及加工过程，具备辨别毛皮与皮革的能力。

情感目标

培养学生认识毛皮与皮革的能力，从而掌握毛皮与皮革的特点，培养举一反三、灵活运用的能力。

思维导图

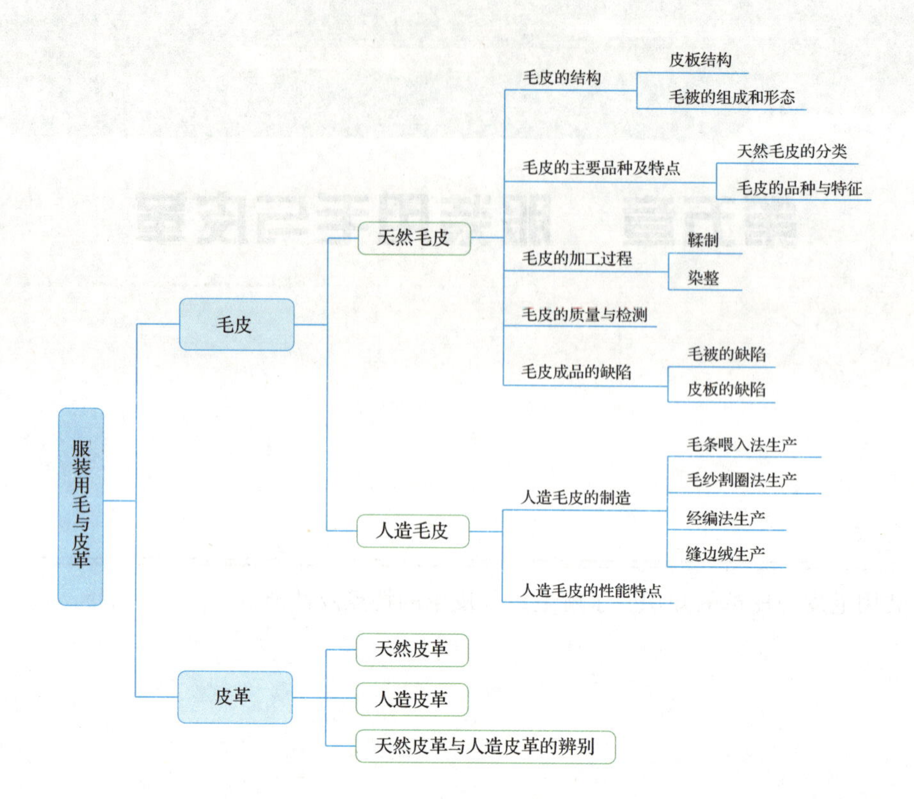
服装用毛与皮革
毛皮
天然毛皮
毛皮的结构
皮板结构
毛被的组成和形态
毛皮的主要品种及特点
天然毛皮的分类
毛皮的品种与特征
毛皮的加工过程
鞣制
染整
毛皮的质量与检测
毛皮成品的缺陷
毛被的缺陷
皮板的缺陷
人造毛皮
人造毛皮的制造
毛条喂入法生产
毛纱割圈法生产
经编法生产
缝边绒生产
人造毛皮的性能特点
皮革
天然皮革
人造皮革
天然皮革与人造皮革的辨别

早在远古时期，人类就发现了兽皮可以用来御寒保暖和防御外力侵袭，但是兽皮干燥后硬挺如甲，给缝制和穿用带来诸多不便。公元前 2500 年，人类发现了硝面发酵法，经过加工后的毛皮手感轻软，伸展性好，但会因细菌侵蚀而掉毛、变臭、遇水返生（俗称“走硝”）。史前人类为生存而狩猎，猎杀的动物食其肉，衣其皮，动物毛皮是当时人类最好的衣料。早在古埃及时期穿着毛皮就已经成为特权阶层的象征，而如今，毛皮与皮革也已经成为消费者最喜爱的服用材料之一（如图 5-1 所示）。

图 5-1　毛皮与皮革

供皮革产业加工的动物皮称为原料皮，它是指从动物体上剥下来有实际经济价值的皮张。

带毛的产品称为毛皮，又称裘皮。毛皮手感柔软，坚实耐用，既可用作服用面料，也可充当里料与絮料，特别是裘皮类的服装，在外观上保留了动物毛皮的自然与花纹，而且通过挖、补、镶、拼等缝制工艺，可以形成丰富多彩的视觉效果。

不带毛的产品称为皮革。张幅较大、有一定经济价值的动物皮都可以用作制革的原料皮。牛皮、山羊皮、猪皮和绵羊皮是常用的原料皮，爬行动物皮、水生动物皮、鸵鸟皮等也可用于制革。从刚屠宰的动物身体上剥下来的皮称为鲜皮。鲜皮也是制革的原料皮之一。

皮革经过染色处理后可以得到不同的颜色，主要用作服用面料。不同的原料皮，经过不同的加工方法，可以得到不同的外观风格。皮革经过编结、镶拼以及与其他纺织材料组合，既可以获得较高的原料利用率，又具有灵活、花色多变的特点，深受消费者的喜欢。

第一节　毛　皮

一、天然毛皮

图 5-2　天然毛皮

天然毛皮（如图 5-2 所示）是动物毛经过加工制成的皮，又称为裘皮。动物毛皮是裘皮的原料，经过化学处理和一定的加工方式形成手感柔软、保暖御寒的熟皮。裘皮的种类有很多，按动物种类的不同可以分为水貂、银狐、蓝狐、黄鼬皮等，均属珍贵的动物裘皮之列。

（一）毛皮的结构

天然毛皮是由皮板和毛被组成。皮板是毛皮产品的基础，毛被是关键。

1. 皮板结构

皮板的垂直切片在显微镜下观察，可以分为表皮层（上层）、真皮层（中层）和皮下组织（下层）3层。

2. 毛被的组成和形态

（1）毛被的组成

所有生长在皮板上的毛总称为毛被。毛被是由锋毛、针毛、绒毛按照一定比例有规律地排列而成。

锋毛也称箭毛，是毛被中最粗、最长、最直、数量最少的一类毛，弹性极好，呈圆锥状。

针毛又称刚毛、盖毛、粗毛、枪毛，是毛中较粗、较长、较直，弹性、颜色、光泽较好的一类毛。针毛覆盖着毛皮的表面，起到保护毛皮的作用。针毛是影响毛被质量的重要因素，其质量、数量以及分布状况都将决定毛被的美观和耐磨性能等。

绒毛是毛被中最细、最短、最柔软、数量最多的毛。它在动物体和外界之间形成一层隔离，以减少热量散发。绒毛决定了毛皮的保暖性能。

（2）毛被的形态

按毛组成类型的不同可以分为3种形态：具有3种毛型的毛被由锋毛、针毛、绒毛组成，如山兔的毛皮；具有2种毛型的毛被由针毛、绒毛组成，如水貂皮；只有1种类型的毛被组成，如美利奴羊皮只有绒毛，鹿皮只有针毛。

（二）毛皮的主要品种及特点

1. 天然毛皮的分类

（1）根据毛的长短和皮板的厚薄分

根据毛的长短和皮板的厚薄可以分为以下4类：

①小细毛皮：是一种毛短而珍贵的毛皮，如水貂毛皮、黄鼬毛皮等。

②大细毛皮：是一种长毛、价值高的毛皮，如狐狸毛皮等。

③粗毛皮：是指各种羊毛皮，如山羊毛皮等。

④杂毛皮：是指青鼬、猫及各种兔类的毛皮。

（2）根据季节分

根据季节可以分为以下 4 类：

①冬皮：由立冬到立春所产的毛皮，具有毛被成熟，针毛稠密，底绒丰厚，色泽光亮，皮板肥壮、细致以及质量好等特点。

②秋皮：由立秋到立冬所产的毛皮，具有皮板硬厚、针毛较短、短绒较厚、光泽较好、质量较好等特点。

③夏皮：由立夏到立秋所产的毛皮，具有无底绒或底绒较少、干枯无油性、皮板枯薄等特点。

④春皮：由立春到立夏所产的毛皮，具有底绒不灵活、皮板稍厚、针毛略弯曲、底绒黏结、干涩无光、皮板厚硬等特点。

2. 毛皮的品种与特征

毛皮原料皮的种类繁多，可以分为家养和野生两类。

家养动物皮主要有羊皮、家兔皮、狗皮、家猫皮、牛皮和马皮等。

野生动物皮主要有水貂皮、狐狸皮、黄鼬皮和麝鼠皮等。此外，还有灰鼠皮、银鼠皮、竹鼠皮、海狸皮、青猺皮、猸子皮、毛丝鼠皮等。

（1）羊皮

羊皮主要包括绵羊皮、小绵羊皮、山羊皮和小山羊皮。绵羊皮分粗毛绵羊皮、半细毛绵羊皮和细毛绵羊皮。粗毛绵羊皮毛粗直，纤维结构紧密，如内蒙古绵羊皮、哈萨克绵羊皮和西藏绵羊皮等。寒羊皮、月羊皮及阆羊皮为半细毛绵羊皮。细毛绵羊皮毛细密，纤维结构疏松，如美丽奴细毛绵羊皮。经杂交的改良种细毛绵羊皮以我国新疆细毛绵羊皮和东北细毛绵羊皮最著名。小绵羊皮也可以称为羔皮，我国张家口羔皮、库车羔皮、贵德黑紫羔皮，以及毛被呈波浪花纹的浙江小湖羊皮，均在世界上享有盛誉。小山羊皮又称猾子皮，有黑猾皮、白猾皮和青猾皮之分。我国济宁青猾皮驰名中外。

（2）家兔皮

家兔皮有本种兔皮、大耳白兔皮、大耳黑油兔皮、獭兔皮、安哥拉兔皮等，具有皮板薄、绒毛稠密、针毛脆、耐用性差等特点。

（3）水貂皮

水貂皮属小型珍贵细皮，以美国标准黑褐色水貂皮和斯堪的纳维亚沙嘎水貂皮质量最佳，具有颜色纯正，针毛齐全，色泽美观，皮板紧密，强度高，针毛松散、光亮，绒毛细密等特点。

（4）狐狸皮

狐狸皮主要有北极狐皮、赤狐皮、银黑狐皮、银狐皮、十字狐皮和沙狐皮等，具有毛被蓬松，狐毛稠密、柔软，板质轻柔，有韧性，丝光感较好等特点。

（5）黄鼬皮

黄鼬皮具有皮板薄、毛绒短、呈均匀黄色等特点。我国东北、内蒙古东部所产黄鼬皮称圆皮。以俄罗斯西伯利亚圆皮质量最优。

（6）麝鼠皮

麝鼠皮产于美国、加拿大、中国和俄罗斯等国，又称为水老鼠皮、青根貂皮。毛被呈深褐色，具有底绒细密、针毛稀疏而光亮等特点。

（三）毛皮的加工过程

毛皮的加工方法有鞣制和染整两种。

1. 鞣制

鞣制是指将带毛的生皮变成毛皮的过程。

在鞣制前，生皮通常需要经过浸水、洗涤、去肉、软化、浸酸等过程，使生皮充水、回软，除去油膜和污物，分散皮内胶原纤维。绵羊皮通常采用醛－铝鞣，细毛羊皮、狗皮、家兔皮采用铬－铝鞣，水貂皮、蓝狐皮、黄鼬皮一般采用铝－油鞣。在鞣后需经过水洗、加油、干燥、回潮、拉软、铲软、脱脂和整修等过程方可使毛皮变得柔软、洁净。经过鞣制过程，毛皮会变得耐热，抗水，无油腻感，毛被松散、光亮，无异味。

2. 染整

染整是指对毛皮进行染色、褪色、增白、剪绒和毛革加工等处理的过程。

（1）染色

染色是指毛皮通过染料改色或着色的过程。水貂皮可增加成黑色灰调。毛皮染色通常使用氧化染料、酸性染料、活性染料和直接染料等。染色方法包括浸染、刷染、喷染、防染等，可以使毛被产生平面色、立体色和渐变色等效果。毛皮经过染色处理会具有颜色鲜艳、坚牢，毛被松散、色泽光亮，皮板强度高、无油腻感等特点。

（2）褪色

褪色是指在氧化剂或还原剂的作用下，深色的毛被颜色变浅或褪白。黑狗皮、黑兔皮褪色后，可变成黄色。

（3）增白

增白是指使用荧光增白剂处理而使毛皮增加白度的过程。白兔皮或滩羊皮经过增白处理可消除黄色。

（4）剪绒

剪绒是指染色前或染色后，对毛被进行化学处理和机械加工，使弯曲的毛被伸直、固定并剪平的过程。细毛羊皮、麝鼠皮等均可剪绒。剪绒后毛被具有平齐、松散、有光泽，皮板柔软、不裂面等特点。

（5）毛革加工

毛革加工是指毛被和皮革两面均进行加工的毛皮。根据皮板的不同，有绒面毛革和光面毛革之分。毛皮肉面磨绒、染色，可制成绒面毛革。肉面磨平再喷以涂饰剂，经干燥、熨压即可制成光面毛革。毛革经加工处理后，可具有毛被松散、有光泽等特点。

（四）毛皮的质量与检测

质量检测评价是以感官鉴定为主、定量分析检测为辅的方法。原料皮的质量包括毛被和皮板的质量，其中毛被的质量更为重要。

毛被质量的检测指标有长度、密度、粗细、颜色和色调、花纹、光泽、弹性、强度、柔软度、耐用性以及成毡性等，可通过这些指标来综合地评价毛被的质量。

皮板的质量由皮板的厚度和面积决定。

原料皮的强度包括毛的强度、皮板的强度和毛与皮板的结合牢度。

在鉴别毛皮品质时，毛被的天然颜色起到重要的作用。不同的毛皮有其独特的毛被色调。因此，毛色正不正，在于毛皮的颜色是否与动物的毛皮色相符。凡是毛色一致的动物，全皮的毛色纯正一致，不允许带异色毛，色调周身一致。毛被是由两种以上颜色的毛绒组成，应当搭配协调，构成自然美丽的色调；带有斑纹和斑点的动物，应当是斑纹、斑点清晰明显；对于带有花弯、花纹的裘皮，要求花弯紧实，花纹多而明显；分布面积大、带花弯的，应毛绺抱扭紧实，弯曲多而均匀、明显，绒毛少，这种毛皮具有独特的花纹和斑点，是以美观为主，保暖为辅的。

（五）毛皮成品的缺陷

1. 毛被的缺陷

（1）配皮不良，等级毛性搭配不合理

成品裘皮服装，尤其是其主要部位，如将不同等级、不同毛性的皮配在一起，就会出现毛绒高低不平，毛疏密不均的现象。把服装穿在模特身上，顺光线观察以及提起底摆转动模特，毛疏密不均这一缺陷很容易发现。凡有伤残的皮，伤残部位有凹陷。毛绒低的皮条整体下陷。不同毛皮服装会出现不同的情况。

（2）毛被发暗，颜色、底绒深浅不一

不同颜色的皮或同一颜色而底绒颜色不同的皮配在一起，会出现颜色不一致、毛面发花的情况，尤其是染色毛皮的毛被，颜色深浅不一。鉴别这类缺陷的办法就是在检验时要注意底绒的颜色，用手逆向轻握毛针或用嘴吹，观察底绒颜色是否相同。

（3）花纹搭配不协调

有些动物皮张带有花纹，在制成服装时应把花纹大小、深浅、图案类似的配在一件衣服上，否则将会影响整体服装的美观。

（4）做工不佳

除了像领子不正，袖子前后长短不一致等大的做工毛病，常见的缺陷如下：

①排节不顺直：裘皮服装应根据做法，将排节尽可能地对齐，中脊线应从上到下贯穿一线，整皮或拼皮的同部位应当相对称，横向也应对整齐，这样服装美观性才会更好。

②刀路痕迹明显：裘皮服装在制作过程中常需走刀，但在成品大衣上刀路不应明显，串刀做法的应拼接合适，尤其是头部常有露刀现象，表面看起来和洗衣板的纹理一样。

③锁毛未梳出：大衣拼缝处有很深的凹痕，毛绒内陷。这类缺点可以用针梳或衣针将毛梳挑出即可。

④衣里吃纵不均：衣里做工不好，裘皮服装档次也会下降。翻开门襟，看衣里吊制是否平顺，有无松紧不一、打褶起皱现象，吊牌是否齐全，名贵的大衣，衣里边应加花条。

⑤毛被的缺陷：毛绒相互缠绕在一起称为结毛。毛根松动或毛从毛被上脱落称为掉毛。其他缺陷如毛尖钩曲，毛被干枯粗涩、发黄，缺乏光泽和柔软性；毛被缺乏松散性和灵活性。

2. 皮板的缺陷

(1) 硬板

硬板是指皮板发硬，多见于老板、陈板、油板等。

(2) 贴板

贴板是指毛皮经鞣制干燥后纤维粘贴在一起，皮板发黄发黑，干薄僵硬。

(3) 糟板

糟板是指皮板抗张强度小，轻捅出洞，一撕即破，失去了缝纫强度，无加工价值。

(4) 缩板

缩板是指毛皮经鞣制后，皮板收缩变厚、发硬，缺乏延展性。

(5) 油板

油板是指含油脂量过多的皮张。油板主要是鞣制前脱脂不够或加脂不当，致使成品的油脂含量超过规定所造成。油板制成的皮衣容易污染衣里面料，长期储存，皮板容易糟烂。

(6) 反盐

反盐是指在皮板表面有一层盐的结晶，并使皮板变得粗糙、沉重。

(7) 裂面

裂面是指毛皮鞣制干燥后，用力绷紧皮板以指甲顶划时，有轻微的开裂声。此缺陷常见于细毛羊皮、猾子皮。

二、人造毛皮

(一) 人造毛皮的制造

人造毛皮（如图 5-3 所示）是以化学纤维为原料，经过机械加工过程而形成。

人造毛皮的生产方法可以分为针织法和机织法两大类。针织法又分为纬编法、经编法、缝编法等。

人造毛皮的生产方式有以下几种，其不同的生产方式具有不同的组织结构。

图 5–3　人造毛皮

1. 毛条喂入法生产

毛条喂入法生产是指将毛条经梳理头梳理成网状纤维后，由道夫喂入织针，与地纱一起弯纱成圈而成。

（1）平针组织

平针组织是指地纱线圈相互穿套联结形成地组织，将道夫喂入织针的纤维束与地组织的圈干一起成圈，纤维束两端从地组织的针编弧间伸出，形成毛绒。具有结构简单、编织方便、延展性好等特点。

（2）花式组织

花式组织将不同颜色的纤维或不同性质的纤维，按花型要求有选择地喂入织针，然后与地纱一起编织成圈的一种组织。

（3）复合组织与衬托组织

复合组织是指平针线圈横列与不完全平针线圈横列复合而成的一种组织结构。衬托组织是以一根衬垫纱按一定的比例在某些线圈上编织成不封闭的悬弧，在其余的线圈上呈浮线配置在地组织的工艺反面而形成的一种组织。

（4）花式空针组织

花式空针组织是指在长毛绒的编织过程中，按照图案花纹要求，在某些针上不喂入纤维束，而在另一些针上喂入纤维束的组织。这种组织形成的凹凸部分按一定的规律组合起来，可使织物具有珍贵裘皮镶嵌和浮雕效果以及雍容华贵的仿真效果。

2. 毛纱割圈法生产

（1）“v”形组织

“v”形组织是以纬平针组织为地组织，而纱线按一定间隔在织物地组织的某些线圈上形成不封闭的悬弧，相邻两个悬弧间的毛纱由刀针割断，形成开口毛绒，呈现在地组织的工艺反面。具有织物紧密，毛丛交错排列、不露底，毛高较低，织物柔软等特点。

（2）“w”形组织

“w”形组织是指毛纱和地纱一起编织成圈，地纱形成的地组织为平针组织，毛纱每参加两个线圈的编织后，在织物的工艺反面形成一个拉长的悬弧，被刀割断形成“w”形的毛绒。

3. 经编法生产

一般用双针床拉舍尔经编机编织，采用五把或六把梳栉，其中四把梳栉分别在前、后针床上编织彼此独立的地组织，另一把或两把梳栉交替在前、后针床上垫纱，从而将两层织物联系起来，形成两层经编织物，经中间割绒后分成两块单层经编毛绒织物。

4. 缝编绒生产

缝编绒是非织造布技术中的毛圈缝编组织，一般用纤维网、纱线层或地布作为地组织经缝编制得。由浮起的缝编线的延展线形成毛圈，然后经拉绒或割圈等后整理形成毛绒。

（二）人造毛皮的性能特点

目前，大部分人造毛皮是将腈纶作为毛绒，将棉或粘胶纤维等机织物及针织物作为地组织的制品，具有皮质光滑、轻便柔软、保暖、仿真皮性强、色彩丰富、结实耐穿、不霉、不易蛀、耐晒、价廉、可以湿洗等特点；但同时具有易生静电、易沾尘土、洗涤后仿真效果变差等缺点。

第二节 皮革

一、天然皮革

（一）皮革的分类

1. 按应用领域分类

皮革（如图 5-4 所示）用途很广，按其应用领域大致可分为鞋用革，服装手套用革，箱包用革，皮件用革，家具及汽车座椅用革，装具用革，马具、帽子、帽圈及球用革，乐器、文化用品用革，工业用革等多种。

图 5-4　皮革

2. 按鞣制方法分类

按照皮革鞣制的方法可分为铬鞣革、植物鞣革、铝鞣革、油鞣革、各种结合鞣革等。

3. 按原料皮种类分类

按照皮革原料皮的种类可分为猪皮革、山羊皮革、马皮革、鳄鱼皮革等。

4. 按制革工业习惯分类

按照皮革的制革工业习惯可分为轻革类和重革类两种。轻革类主要指张幅较小和质量较小的革，成品革销售时以面积计算，如鞋面革、服装革、手套革等。重革类主要指张幅较大和质量较大的革，成品革销售时以质量计算，如鞋底革等。

（二）服用皮革的主要品种及性能特点

1. 主要品种

（1）猪皮革

猪皮的粒面凹凸不平，毛孔粗大而深，明显三点组成一小撮，具有独特风格。猪皮的透气性较好，粒面层很厚。纤维组织紧密，作为鞋面革耐折，不易断裂，其绒面革和经过磨光处理的光面革是制鞋等的主要原料。猪皮革具有皮厚粗硬、弹性较差等特点。

（2）牛皮革

牛皮革用于制鞋及服装的牛皮原料，主要是黄牛皮。皮的各部位皮质差异大，背脊部的皮质最好。该处的真皮具有厚而均匀、毛孔细密、分布均匀、粒面平整，纤维束相互垂直交错或倾斜成菱形网状交错，坚实致密等特点。黄牛皮是优良的服装材料，具有耐磨、耐折、吸湿透气性好、粒面磨后光亮度较高、绒面革的绒面细密等特点。牛皮革中还包括水牛皮和小牛皮。水牛皮具有皮厚、组织结构较松散、毛孔粗大、里面粗糙、不耐用等特点，而小牛皮则具有柔软、轻薄、粒面致密等特点，是制作服装的上乘材料。

（3）羊皮革

羊皮革的原料皮可分为山羊皮和绵羊皮两种。山羊皮的皮身较薄，皮面略粗，毛孔呈扁圆形，斜伸入革内，粒纹向上凸，几个毛孔一组似鱼鳞状排列。其成品革具有粒面紧实，有光泽、透气性好、柔韧性好等特点。绵羊皮的表面较薄，粒面层较厚，甚至超过网状层。网状层的胶原纤维束较细，排列疏松，其成革后则具有透气性、延展性较好，手感柔软，表面顺滑，不耐磨等特点。

2. 性能特点

皮革，即经脱毛和鞣制等物理、化学加工，再经过修饰和整理所得到的已经变性、不易腐烂的动物皮。革是由天然蛋白纤维在三维空间紧密编织构成的。革的表面有一种特殊的粒面层，具有自然的粒纹和光泽，手感舒适。

天然皮革具有下列性能：

① 具有较高的机械强度，如抗张强度、耐撕裂强度、耐曲折强度、耐穿耐用强度等。

② 具有一定的弹性和可塑性，易于加工成型，在使用过程中不易变形。

③ 易于保养，使用中能长久保持其天然外观。

④ 耐湿热稳定性好，耐腐蚀，对化学药品具有抵抗力，耐老化性能好。

⑤ 具有良好的透气性、吸湿性、排湿性能，穿着卫生且舒适。

（三）皮革的加工过程

由于皮革的用途广泛且各不相同，其加工方法也有所不同，一般来说生皮加工成革同毛皮一样需要经过准备、鞣制和整理等工序。制革的具体加工过程如下所述：

1. 准备工序

准备工序是指去除生皮上的毛、表皮和皮下脂肪，保留必要的真皮组织，并使它的厚度和结构适于制革工艺要求的过程。生皮经过准备工序处理后取得的皮层称为“裸皮”。准备工序具体包括以下几种：

（1）浸水

生皮在保存期要进行干燥和防腐，因此，皮内胶原会发生不同程度的脱水，浸水以后可以使生皮恢复到鲜皮状态并除去表面污物。

（2）脱毛

脱毛一般是指采用酶剂，使表皮基层和毛根鞘及毛球裂解，将毛从表皮上除去，并部分地皂化皮内的类脂组织。

（3）膨胀

膨胀是指使用液体烧碱浸渍生皮，松散原皮的纤维，增加皮的厚度和弹性，以方便进行割层。

（4）片皮

片皮是指对皮革进行剖层，可以增加皮的张幅，还可以把残存于皮中的毛干切断，保证成品革表面光滑，增强其美观性。

（5）消肿

消肿是指用铵盐中和皮中的碱，降低皮的碱度，便于鞣制。

（6）软化

一般服装革都要进行软化，通常用酶做软化剂，使粒面洁白细腻，皮质柔软、滑润似丝绸手感。

（7）浸酸

浸酸是指在裸皮中加入适量的食盐和硫酸，从而进一步降低皮的碱度，使皮纤维松散，便于鞣剂渗入。

2. 鞣制工序

鞣制工序是指将裸皮浸在鞣剂中，使皮质和鞣剂充分结合，以改变皮质的化学成分，固定皮层的结构。采用不同鞣料鞣制的皮革，其服用性能各不相同。通常的鞣制方法有植鞣法、铬鞣法、结合鞣法。

(1) 植鞣法

植鞣法是利用植物单宁做鞣剂与皮纤维结合的方法。在植鞣过程中鞣质先渗入皮层扩散到纤维的表面，然后通过胶原结合与化学结合双重作用使之成为一体，皮纤维向有较多鞣制处沉淀，从而改变了皮革的性能。植鞣革一般呈棕黄色，具有组织紧密、抗水性强、不易变形、不易汗蚀等特点，其抗张强度小，耐磨性与透气性差。

(2) 铬鞣法

铬鞣法是指用铬的化合物加工裸皮使之成革的方法。常用的铬化合物包括重铬酸盐、铬明矾、碱式硫酸铬等。采用三价铬的化合物直接鞣皮称为“一浴法”；先以六价铬酸盐渗入皮内，再还原为三价碱式铬盐与皮结合鞣皮称为“二浴法”。“一浴法”鞣制的革结实，“二浴法”鞣制的革丰满。铬鞣革一般呈青绿色，具有皮质柔软，耐热耐磨，伸缩性、透气性好，不易变质等特点，其组织不紧密，切口不光滑，吸水性较强。

(3) 结合鞣法

结合鞣法是指同时采用两种或多种鞣法制革，可以改变皮革的性能，制成革的特点取决于不同鞣法各自鞣制的程度，常用铬－植复鞣的方法。

3. 整理工序

整理工序是指对皮革进一步加工，以改善其外观。整理工序通常分为湿态整理和干态整理。

(1) 湿态整理

湿态整理主要包括以下几个步骤：

①水洗：除去鞣好的革中影响革的质量和整理工序的物质。

②漂洗和漂白：漂洗是对湿革进行清理，漂白只用于制白色面革。

③削匀：调整皮革厚度不均匀现象。

④复鞣：采用另一种鞣制方法来弥补主鞣中的缺陷，从而改善成革的性质。

⑤填充：在皮革内加入硫酸镁和葡萄糖，使革质饱满，富有弹性，增强其耐热性。

⑥中和：使弱碱中和以除去湿革中多余的酸，并使铬盐更好地固定。

⑦染色：皮革染色的方法有浸染、刷染、喷染等。

⑧加脂：可以使纤维增加柔韧性、延展性和强度。一般植鞣革用表面涂油法加脂，铬鞣底革用浸油法、轻革用乳液加油法。

（2）干态整理

干态整理主要包括以下几个步骤：

①平展与晾干：使革面平整，并固定革的延展度和面积，利用空气自然干燥。

②干燥：在皮革生产过程中需要进行几次干燥，目的是去除湿革中多余的水分，使鞣质与皮进一步固定，同时，使皮革定性定型。

③涂饰：用作正面革的坯在干燥后经过适当涂饰可以增加革面的美观，改善粒面的细致程度，掩盖粒面的缺陷。涂饰使用的材料有成膜剂、着色剂、光亮剂。

（四）皮革的质量评定

决定皮革质量的两个主要因素是皮的种类和制革工艺。皮革的质量可以从外观质量、化学性能、物理性能、试用试验和利用率等方面进行评定。

1. 外观质量

外观质量主要包括革身的丰满、柔软、弹性、色泽、革面粒纹、绒毛以及鞣透程度，可以用眼看、手摸的方法凭经验检验。

2. 化学性能

化学性能主要包括水分、油脂、灰分、氧化铬、皮质、结合鞣质等的含量和酸碱值。

3. 物理性能

物理性能主要指革的抗张强度、伸长率、撕裂强度、崩裂强度、曲挠强度、透气性、吸水性、耐磨度、耐老化性、耐汗性、涂层耐干湿摩擦性以及收缩温度等。

4. 试用试验

将革加工成革制品，在试用过程中观察革的变化，判断其试用性和使用寿命。

5. 利用率

利用率是评定革的等级的主要依据。根据缺陷的轻重程度及其分布状况，计算出缺陷的总面积，确定革的利用率。

天然皮革性能稳定，应用广泛，用于制成各类革制品，供军需、工农业和民用。随着科学技术的发展，慢慢出现了各种人造革、合成革等，作为天然革的补充，用于制作皮鞋及其他革制品。

二、人造皮革

（一）人造皮革的制造

早期生产的人造皮革（如图 5-5 所示）是将聚氯乙烯涂于织物上制成的，服装性能较差。近年来，开发出了聚氨酯合成革的品种，使人造皮革的质量获得显著改进。特别是底基用非织造布，面层用聚氨酯多孔材料仿造天然皮革的结构及组成的合成革，具有良好的服用性能。人造皮革按不同类型可以分为聚氯乙烯人造革和聚氨酯合成革两种。

图 5-5　人造皮革

1. 聚氯乙烯人造革的生产方法

聚氯乙烯人造革是用聚氯乙烯树脂、增塑剂和其他助剂组成混合物后涂敷或贴合在基材上，再经过适当的加工工艺过程而制成。根据塑料层的结构，可分为普通革和泡沫人造革两种。人造革的基布主要是平纹布、帆布、针织汗布、非织造布等。聚氯乙烯人造革的生产方法有直接涂刮法、间接涂刮法和压延法。

（1）直接涂刮法

直接涂刮法是将聚氯乙烯树脂与增塑剂各种配合剂按配方混合，制成糊状的胶料，把这种胶料用刮刀直接涂刮在经过预处理的基布上，然后进入烘箱熔融塑化，再经过表面处理而制得的人造革。

（2）间接涂刮法

间接涂刮法是将聚氯乙烯树脂与增塑剂及其他配合剂混合制得的糊状胶料用逆辊或刮刀涂布于载体上，使基布在不受张力的情况下复合在凝胶的料层上，再经过塑化、冷却，并从载体上剥离而得到人造革。

（3）压延法

压延法是指先在压延机上制得聚氯乙烯薄膜，再与基布贴合制得的人造革。

聚氯乙烯泡沫人造革的生产，是采用发泡剂做配合剂，把发泡剂在常温下与聚氯乙烯树脂、增塑剂及其他配合剂混合成均匀的胶料，再逐渐加热，使之熔融。当胶料的黏度下降，温度达到发泡剂固有的分解温度时，急剧释放出气体，使此时已熔融的树脂膨胀。由于发泡剂在胶料中的分散相当均匀，树脂层中就形成了许多连续的、不互通的、细小均匀的气泡结构，从而使制得的人造革手感柔软、有弹性，与真皮相近。

2. 聚氨酯合成革的生产方法

以非织造布为底基的合成革主要是由用聚氨酯弹性体溶液浸渍的纤维质底基、中间增强层、微孔弹性聚氨酯面层 3 层组成。非织造布底基是按需要将各种纤维混合后，经过开松、疏棉、成网，再进行针刺，使纤维形成立体交叉，然后经过蒸汽收缩、烫平、浸胶、干燥等工序制成。聚氨酯微孔弹性体与纤维之间呈点状黏附连接，因而纤维具有高度的移动性，使合成革的弹性和屈挠强度提高。中间增强层是一层薄的棉织物，用来将微孔层与纤维质底基隔开，可以提高材料的抗张强度，降低伸长率，掩盖底布表面的疵点。微孔性聚氨酯的面层厚度较小，形成合成革的外观，有较好的耐水性和耐磨性，并决定了合成革的物理化学性能。

聚氨酯合成革是以棉或锦纶织物作为基布，在基布上涂敷聚氨酯弹性体而成。以热塑聚氨酯为原料的涂层可以在熔融状态下涂于织物，聚氨酯材料成型厚度在 0.2 mm 以上；以浇注法成型的聚氨酯涂层，通常厚度为 0.23 ~ 0.25 mm；聚氨酯溶液在涂层上形成的厚度可在 0.12 ~ 0.15 mm，这种方法可以多次涂敷成型，是服装用合成革主要采用的方法。

（二）人造皮革的性能特点

1. 聚氯乙烯人造革的性能特点

聚氯乙烯人造革轻而柔软，可以用作服装和制鞋面料，由于基布采用针织布，因此服装性能较好。人造革中由于增塑剂的含量较高，制品表面易发黏沾污，往往用表面处理剂处理使其滑爽，从而提高人造革的物理、化学性能。

2. 聚氨酯合成革的性能特点

聚合物的类型及涂敷涂层的方法、各组分的组成、基布的结构等因素决定了聚氨酯合成革的服用性能。其服用性能主要有以下几点：

① 强度和耐磨性较高。厚度在 0.025 ~ 0.075 mm 的聚氨酯涂层就相当于厚度为 0.3 ~ 0.5 mm 的聚氯乙烯涂层的强度。

② 由于聚氨酯合成革表面涂层具有开孔结构，涂层薄，有弹性，柔软滑润，可以防水，透水汽性较好，所以其生理舒适性能良好。

③ 聚氨酯涂层不含增塑剂，表面光滑紧密，可以着多种颜色和进行轧花等表面处理，品种多，仿真皮效果好。

④ 聚氨酯合成革可以在 −45 ~ −40 ℃下使用，某些类型可在 −160 ℃下使用，在低温度条件下仍具有较高的抗张强度和屈挠强度。

⑤ 采用单组分物料涂层的聚氨酯合成革耐光老化性和耐水解稳定性好。

⑥ 聚氨酯合成革具有柔韧耐磨，易洗涤去污，易缝制，适用性广等特点。

三、天然皮革与人造皮革的辨别

真皮即是所有天然皮革的统称。真皮就是皮革，是由动物毛皮加工而成。天然皮革按其种类主要分为猪皮革、牛皮革、羊皮革、马皮革、驴皮革和袋鼠皮革等，另有少量的鱼皮革、鸵鸟皮革等。真皮按其层次分，有头层革和二层革，其中头层革有全粒面革和修面革两种。全粒面革具有表面平细、毛眼小、结构细密紧实、革身丰满有弹性、物理性能好、耐磨、透气性好等特点。修面革，是利用磨革机将革表面轻磨后进行涂饰，再轧上相应的花纹而制成的。此种革几乎失掉原有的表面状态，涂饰层较厚，耐磨性和透气性比全粒面革较差。二层革，经过涂饰或贴膜等系列工序制成，其牢度、耐磨性较差，是同类皮革中最廉价的一种。

下面介绍几种常用的皮革辨别方法：

1. 手感

手感即用手触摸皮革表面，如滑爽、柔软、丰满、有弹性的感觉是真皮；而一般人造合成革面手感发涩、死板，柔软性差。

2. 眼看

观察真皮革面有较清晰的毛孔、花纹。如黄牛皮有较均匀的细毛孔，牦牛皮有较粗而稀疏的毛孔，山羊皮有鱼鳞状的毛孔，猪皮有三角粗毛孔，而人造革，尽管也仿制了毛孔，但不清晰。

3. 嗅味

凡是真皮革都有皮革的气味，而人造革都具有刺激性较强的塑料气味。

4. 点燃

从真皮革和人造革背面撕下一点纤维，点燃后，凡发出刺鼻的气味，结成疙瘩的是人造革；凡是发出烧毛发臭味，不结硬疙瘩的是真皮。

四、皮革服装的保养

皮革服装应注意防潮，一旦受潮发霉，就会失去光泽，影响牢度。如被雨淋湿，必须立即用干毛巾吸干水分，再置于阴凉处风干。如已发霉，可先用毛刷刷去浮尘，再用棉球蘸酒精擦净霉迹，或用淡碱水擦拭，然后用干毛巾揩擦干净，放阴凉处风干。对长期存放的皮革衣物，需用毛巾蘸 4% 浓度的高级香皂洗涤液轻擦一遍，再蘸清水轻轻复擦，晾干，以防发霉。

要注意保护皮面，防止硬物或尖物划破皮面。如沾上脏物，应及时用湿布轻轻揩去，以免伤皮褪色。出现油迹时，可用 1∶2∶30 的氨水与酒精、水的溶液轻揩，重复几次后，油迹即可去除。皮革服装的保养如图 5-6 所示。

图 5-6　皮革服装的保养

皮革衣物要注意防折防裂，不要曝晒，更忌烘烤。不穿时，用衣架挂起，不要折叠存放。如果皮面出现小皱纹，可用毛笔蘸鸡蛋清涂于裂纹处，再涂擦鸡油或鸭油，打光。如果皮出现皱纹，可在皱纹处覆盖一层牛皮纸，再用电熨斗在牛皮纸上熨烫，熨斗温度不可太高，掌握在 40 ~ 50 ℃即可。烫时熨斗要不停地移动;烫后立即揭去牛皮纸，趁热将衣服拎起，拉挺皱纹，使其迅速冷却定型。

皮革服装可用鸡油或鸭油薄而均匀地涂在表层，待 10 分钟后再用清洁柔软的布将其擦净即可使其表面光亮柔软。有条件者可送洗染店清洁上光，或用皮革光亮剂自行清洁上光。

第六章　服装辅料

知识目标

了解服装辅料的不同类型，了解里料、衬料、填料及扣紧材料的作用。

技能目标

掌握服装辅料的种类及其作用，进一步运用于服装设计中。

情感目标

通过对服装辅料的认识，培养学生分辨不同服装辅料的能力，并能熟练地运用在服装设计的实践中。

服装辅料

思维导图

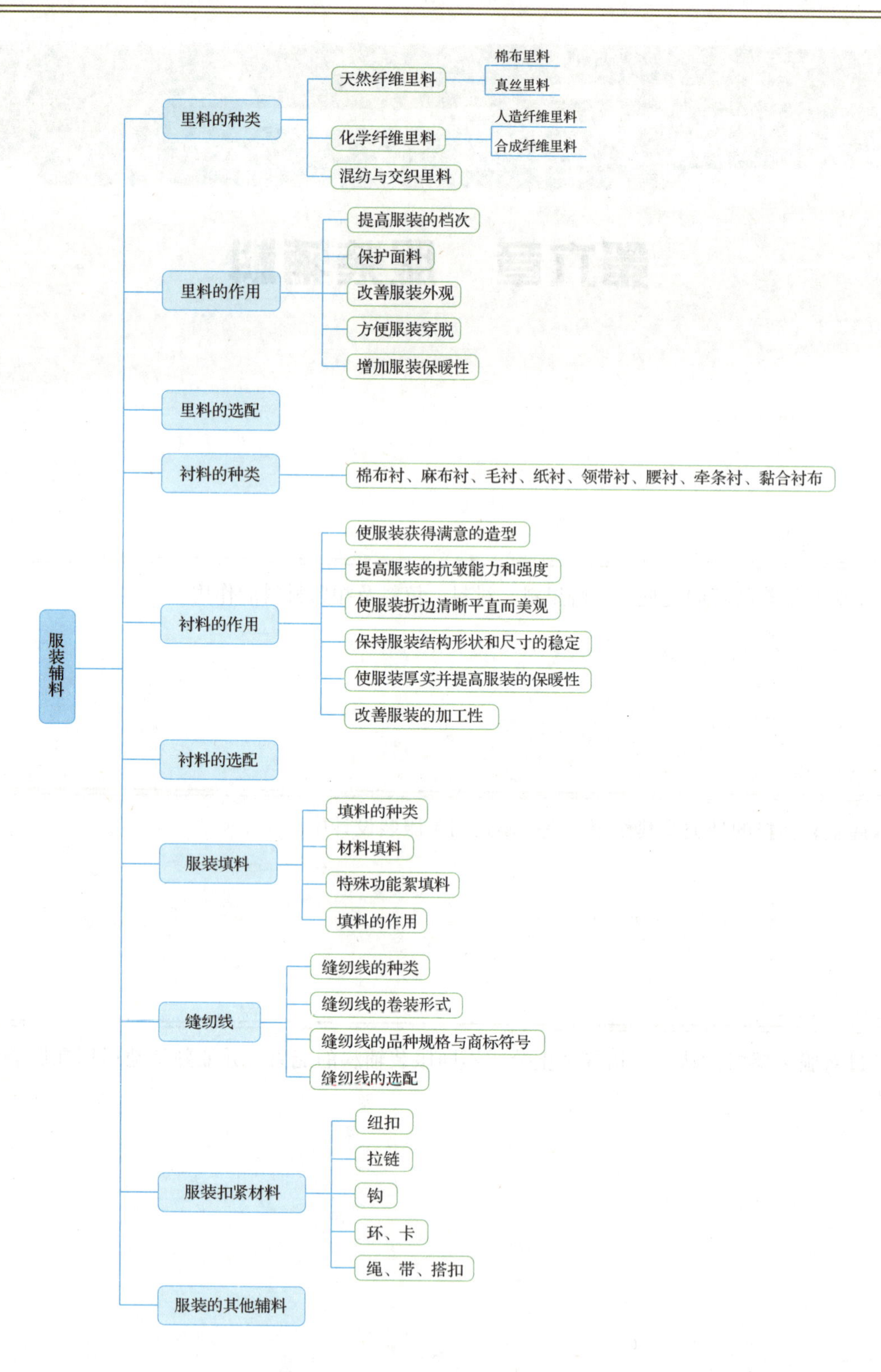
服装辅料
里料的种类
天然纤维里料
棉布里料
真丝里料
化学纤维里料
人造纤维里料
合成纤维里料
混纺与交织里料
里料的作用
提高服装的档次
保护面料
改善服装外观
方便服装穿脱
增加服装保暖性
里料的选配
衬料的种类
棉布衬、麻布衬、毛衬、纸衬、领带衬、腰衬、牵条衬、黏合衬布
衬料的作用
使服装获得满意的造型
提高服装的抗皱能力和强度
使服装折边清晰平直而美观
保持服装结构形状和尺寸的稳定
使服装厚实并提高服装的保暖性
改善服装的加工性
衬料的选配
服装填料
填料的种类
材料填料
特殊功能絮填料
填料的作用
缝纫线
缝纫线的种类
缝纫线的卷装形式
缝纫线的品种规格与商标符号
缝纫线的选配
服装扣紧材料
纽扣
拉链
钩
环、卡
绳、带、搭扣
服装的其他辅料

服装辅料是指制作服装所用面料以外的其他一切材料，简称辅料。服装辅料与服装面料同等重要，它不仅决定着服装的造型、手感、风格，还影响着服装的服用性能以及价格。在服装市场上，往往因一件辅料选配不当，而降低了整件服装的价格。因此，应该根据服装的种类、花色、款式以及服装使用保养的方式来选配辅料，也就是说，辅料在外观、性能、质量和价格等方面应该与服装面料相配。服装辅料选配得当，可以提高服装的档次；反之，将影响服装的整体效果，进而影响其销售。

服装辅料品种繁多，主要包括里料，衬料，絮填材料，缝纫线，扣紧材料如纽扣、拉链、绳带，及其他辅助料如花边、商标、号型、尺码带、产品铭牌以及珠片等。

第一节 服装里料

服装里料是服装辅料中的一种，是指部分或全部覆盖于服装里面的材料，主要用于中高档服装，如大衣、西装、裘皮服装和滑雪衫等。

一、里料的种类

里料（如图 6–1 所示）的品种繁多，按其组织结构可以分为平纹、斜纹、缎纹和提花等，按其后整理方式可以分为印花、色织等，按其纤维原料的种类可以分为天然纤维里料、化学纤维里料和混纺与交织里料 3 大类。

图 6–1 里料

（一）天然纤维里料

1. 棉布里料

具有吸湿性好，透气性好，不易起静电，穿着舒适，耐热性及耐光性较好，耐碱而不耐酸，色泽鲜艳，可以水洗、干洗及手洗，价格低廉等优点。其缺点是不够光滑、弹性差、易折皱。棉布里料主要用于婴幼和儿童服装、中低档夹克、便服及耐碱性功能服装等。

2. 真丝里料

具有吸湿性强，透气性好，轻薄且手感柔软，表面光滑，穿着舒适，无静电现象，耐热性较高等优点，其缺点是不坚牢，经纬线易脱散，生产加工困难，耐光性差，不宜勤洗，易发霉，价格较高。真丝里料主要用于高档服装，尤其是夏季高档轻薄服装。

（二）化学纤维里料

1. 人造纤维里料

（1）粘胶纤维里料

粘胶纤维里料具有手感柔软，吸湿性、透气性较好，颜色鲜艳，色谱齐全，光泽好等优点，缺点是弹性较差、易起皱、不挺括，洗涤时不宜用力搓洗，易损坏。粘胶纤维里料缩水率较大，不适宜经常水洗的服装，尺寸稳定性差，在裁剪时应先做缩水处理，并留好裁剪余量。粘胶纤维里料主要适用于中高档服装里料。

（2）铜氨纤维里料

铜氨纤维里料具有表面光泽、手感柔和、湿强力较高及有较细的纤维等特点。

（3）醋酯纤维里料

醋酯纤维里料具有手感柔软、弹性较好、表面光泽、保暖性好、抗皱性好、缩水率小等优点，缺点是吸湿性差、耐磨性也较差。醋酯纤维里料主要适用于针织或弹性服装。

2. 合成纤维里料

（1）涤纶里料

涤纶里料具有厚重挺括，易洗，快干，尺寸稳定，不易起皱，不缩水，穿脱滑爽，不虫蛀，不霉烂，易保管，耐热、耐光性好等优点，缺点是吸湿性、透气性差，易生静电，不宜作为夏季服装里料。主要适用于男女时装、休闲装、西服等服装的制作。

（2）锦纶里料

锦纶里料具有强度大，伸长率大，弹性恢复率大，耐磨性、透气性好，抗皱性良好，保形性和耐热性较差等特点，主要适用于登山服、运动服、女装等服装的里料。

（三）混纺与交织里料

（1）涤棉混纺里料

涤棉混纺里料即的确良里料，具有吸水性好、坚牢挺括、表面光滑、价格适中等特点，主要适用于羽绒服、夹克和风衣的里料。

（2）醋酯纤维与粘胶纤维混纺里料 

醋酯纤维与粘胶纤维混纺里料不仅具备人造纤维里料性能，还具有表面光滑，手感轻盈，但裁口易脱散等特点。

（3）以粘胶或醋酯长丝为经纱、粘胶短纤维或棉纱为纬纱织成的羽纱里料 

这种羽纱里料具有表面光滑、反面如布、质地厚实、耐磨性好、手感柔软、光泽淡雅等特点。

二、里料的作用

服装有无里料以及里料的品种，会大大影响服装的外观、质量和服用性能。里料的作用主要表现在以下几个方面：

（一）提高服装的档次

里料可以遮盖外漏的缝线、毛边、衬布等，使衣服更加整体美观（如图 6-2 所示）。在柔软较薄的衣料上使用后会变得平整、挺括。

图 6-2 里料提高服装档次

（二）保护面料

服装附上里料，使人活动时不直接与面料摩擦，可以保护面料不被沾污，还可以延长面料的使用寿命。

（三）改善服装外观

里料给服装以附加的支持力，提高了服装的抗变性，减少了服装的褶裥和起皱，从而提高了服装的保形性能。

（四）方便服装穿脱

里料光滑，可以减少服装与内层服装的摩擦，使人穿着舒适，并有利于自由穿脱。

（五）增加服装保暖性

由于服装增加了一层里料，所以增加了保暖性。

三、里料的选配

选配服装里料时，应当注意以下几点：

① 服装里料要轻薄、手感柔软，要具有一定的悬垂性，不能过于硬挺。

② 服装里料的服用性能要与面料相配，如缩水率、耐热、耐洗性能及强力和厚薄等方面。

③ 服装里料的颜色应与面料的颜色相协调。一般要求颜色相近且不能深于面料颜色，而且还要注意里料的色牢度和色差，以防面料沾色而影响外观。

④ 服装里料要求表面光滑，以保证穿脱方便。

⑤ 服装里料要考虑美观、实用的经济原则，降低服装成本的同时也要注意里料与面料的质量相符合。

第二节 服装衬料

服装衬料是指在服装面料和里料之间的材料，可以是一层或者多层。衬料是服装的骨架，在服装材料中起到支撑作用，可以形成多种多样的款式造型。质量高的面料，相应要选用好的衬料，相反，若面料差些，但用上合适的衬料，做出的服装却能附体挺括，从而弥补面料的不足。由此可见，合理地选择衬料是做好服装的关键。

一、衬料的种类

衬料（如图 6–3 所示）种类繁多，按其原料的不同可以分为棉衬、毛衬、化学衬等；按其使用方式和部位可以分为衣衬、胸衬、领衬、领底呢、腰衬、折边衬、牵条衬；按其厚薄和质量可以分为厚重型衬（160 g/m^2 以上）、中型衬（80 ~ 160 g/m^2）与轻薄衬（80 g/m^2 以下）；按其底布可以分为梭织衬、针织衬和非织造衬。

本节主要介绍以下几类：

图 6–3　衬料

（一）棉布衬

棉布衬是用纯棉梭织本白布制成，一般可以分为软衬和硬衬两种。软衬多用于挂面，裤（裙）腰或与其他衬搭配使用。硬衬则用于传统制作方式的西服、中山服和大衣等。

（二）毛衬

毛衬分为马尾衬和黑炭衬两种。

马尾衬是用棉或涤棉混纺纱作经纱，用马尾鬃作纬纱，织成基布再经定型和树脂加工而成的。马尾衬有普通马尾衬和包芯马尾衬两种。由于马鬃的弹性很好，产量小，加工费用较高，因此价格较贵，主要用于高档西服。

黑炭衬是用棉或棉混纺纱作经纱、用动物纤维作纬纱加工成的基布，再经特殊整理而成。黑炭衬会使服装丰满、挺括，具有良好的弹性和稳定性，主要用于大衣、西服、外衣等前衣片胸、肩、袖等部位。

（三）树脂衬

树脂衬（如图 6-4 所示）是以棉、化纤及混纺的机织物或针织物为底布，经漂白或染色等其他工序，并经树脂整理加工制成的一种传统的衬布。树脂衬有纯棉树脂衬布、混纺树脂衬布、纯化纤树脂衬布等，随着加工方式不同还有本白树脂衬布、半漂白树脂衬布、漂白树脂衬布和什色树脂衬布。

树脂衬具有成本低、硬挺度高、弹性好、耐水洗、不回潮等特点，主要用于服装的衣领、袖口、口袋、腰及腰带等部位。

图 6-4　树脂衬

（四）纸衬

纸衬的原料是树木的韧皮纤维。在裘皮和皮革服装及有些丝绸服装制作时，为了防止面料磨损和使折边丰厚平直，采用纸衬。在轻薄和尺寸不稳定的针织面料上绣花时，在绣花部位的背后也需附以纸衬，以保证花型准确成型。

（五）领带衬

领带衬是由羊毛、化纤、棉、粘胶纤维纯纺或混纺，交织或单织而形成基布，再经煮练、起绒和树脂整理而成。主要用于领带内层起补强、造型、保形作用。要求领带衬布具有手感柔软、富有弹性、水洗后不变形等性能。

（六）腰衬

腰衬是用于裤和裙腰部的条状衬布。腰衬常用锦纶或涤纶长丝或涤棉混纺纱线织成不同腰高的带状衬，可以起到硬挺、防滑和保形的作用。该带状衬上织有凸起的橡胶织纹，以增大摩擦阻力，防止裤、裙下滑，也有用商标或其他标志带来代替摩擦凸纹带的，这样腰衬还可以起装饰和宣传品牌的作用。

（七）牵条衬

牵条衬常用在服装的驳头、袖窿、止口、下摆叉、袖叉、滚边、门襟等部位，起到加固补强的作用，又可防止这些部位的脱散。主要有机织黏合牵条衬及非织造黏合牵条衬。牵条衬的宽度有 5 mm、7 mm、10 mm、12 mm、15 mm、20 mm、30 mm 等不同规格。牵条衬的经纬向与面料或底料的经纬向成一定角度时，才可增加服装的保形效果，特别在服装的弯曲部位，更能显示其弯曲自如、熨烫方便的优点。一般有角度 -60°、45°、30°、12° 等规格，其归拔效果各不相同。

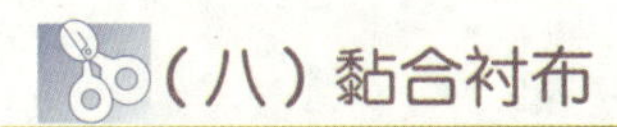

(八）黏合衬布

黏合衬布又称化学衬，是一种新型的服装衬布，黏合衬使服装的缝制加工工艺发生了变革，不但简化了工艺流程，提高了工效，并且改善了服装的外观和服用性能。由于黏合衬的底布热熔胶及其涂层加工方法多种多样，且性能各异，因而对其需做全面的了解后才能选用好这一辅料。

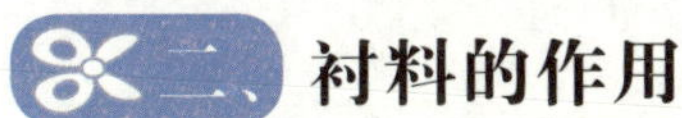

二、衬料的作用

(一）使服装获得满意的造型

在不影响面料手感、风格的前提下，借助于衬的硬挺，可使服装平挺或达到预期的造型。如需要竖起的立领，可用衬来达到竖直而平挺的作用；西装的胸衬，可令胸部更加饱满；肩袖部用衬会使袖衫更为饱满圆顺，增加立体感。

(二）提高服装的抗皱能力和强度

用衬后的服装，多了衬的保护和固定，可使面料不致被过度拉伸和磨损，从而使服装更为耐穿，对薄型面料服装更为重要。衣领的驳头部位使用衬，以及门襟的前身用衬，可使服装平挺而抗皱。

(三）使服装折边清晰平直而美观

在服装的折边处如止口、袖口及袖口衩，下摆边及下摆衩等处用衬，可使折边更加笔直而分明，增强服装的美观性。

(四）保持服装结构形状和尺寸的稳定

剪裁好的衣片中有些形状弯曲、丝绺倾斜的部位，如领窝、袖窿等，在使用牵条衬后，可保证服装结构的尺寸稳定；也有些部位在穿着中易因受力拉伸而变形，如口袋、纽门等，用衬后可使其不易变形，保持了服装的形态稳定性。

(五）使服装厚实并提高服装的保暖性

用衬后使服装增加了厚度，从而提高了服装的保暖性，例如，有些皮革服装用衬后可增加厚度，而用于睡袍的衬，则增加服装的保暖性。

(六）改善服装的加工性

薄型而柔软的丝绸和单面薄型针织物，在缝纫过程中，因不易握持而使加工困难，用衬后即可改善缝纫过程中的可握持性。另外，如在轻薄柔软的面料上绣花时，因其加工难度大绣出的花形极不平整，甚至会变形，用衬后将会解决这一问题。

三、衬料的选配

服装衬料种类繁多，其厚薄、轻重、软硬、弹性等方面变化很大，在选择衬料时应主要考虑以下几个方面：

（一）衬料与面料的性能匹配

衬料应与服装面料在缩水率、悬垂性、颜色、单位质量与厚度等方面相匹配。如浅色的面料应选择白色的衬料，针织服装应选择弹性大的针织衬，法兰绒面料应选用较厚的衬料。

（二）满足服装造型设计的需要

许多服装造型是借助衬的辅助作用来完成的。如西装挺括的外形及饱满的胸廓是利用衬的刚度、弹性、厚度来衬托的，而轻薄悬垂的服装则不能选用这种衬。

（三）满足服装用途的需要

如经常水洗的服装则不能选择不耐水洗的衬料。

（四）考虑价格与成本的需要

衬料的价格将直接影响服装的成本，在保证服装质量的前提下，应选择价格较为合适的衬料。

第三节 服装填料

服装填料是指服装面料和里料之间的填充材料。随着科学技术的发展，服装填料不再仅仅是传统的起保暖作用的棉、绒及动物皮毛等，一些具有多功能的新型保暖材料也相继问世。

 一、填料的种类

服装填料的种类繁多，主要可以分为絮类填料、材类填料和特殊功能絮填料这3类，见表6-1。

表6-1　服装填料的种类

服装填料	絮类填料	棉花（棉絮）
		丝绵（蚕丝）
		鸭绒
		羽绒/鹅绒
		鸡毛
		混合絮填料
	材类填料	天然毛皮
		人造毛皮及长毛绒
		驼绒
		泡沫塑料
		化纤絮填料
	特殊功能絮填料	—

絮类填料是指未经织制加工的纤维，其形态呈絮状；材类填料是指纤维经过织制加工成绒状织品或絮状片型，或保持天然状（皮毛）的材料；特殊功能絮填料是指服装达到某种特殊功能而采用的特殊絮填材料。

（一）絮料填料

 1. 棉花（如图6-5所示）

蓬松的棉花因包含很多的静止空气而具有良好的保暖性，具有吸湿、透气性好、价格低廉、弹性差等特点，易被压扁而手感变硬，从而降低保暖性，水洗后不易干、易

图6-5　棉花

变形。棉花主要适用于儿童服装及中低档服装。

2. 丝绵

丝绵是指蚕丝或剥取蚕茧表面的乱丝整理而成的类似棉花絮的物质。丝绵具有表面光滑，手感柔软，质量轻而保暖，穿着舒适，价格较高等特点，主要适用于高档丝绸服装。

3. 羽绒（如图 6-6 所示）

羽绒主要是鸭绒，也有鹅、鸡、雁等毛绒。羽绒是人们很喜欢的防寒絮填材料之一，具有质量轻且导热系数小，蓬松性好等特点。用羽绒填料时，要注意羽绒的洗净与消毒处理，同时服装面料、里料及羽绒的包覆料要具有防绒性。在设计和加工时，须防止羽毛下降而影响服装造型和使用。由于羽绒来源受限制，而且含绒率高的羽绒服价格较高，所以羽绒主要适用于高档服装和时装。

图 6-6　羽绒

4. 动物绒

常用的有羊毛和骆驼绒，保暖性很好。但因绒毛表面有鳞片，易毡化，为此使用时需添加一些表面较光滑的化学纤维。

5. 混合絮填料

由于羽绒用量很大，成本高，人们研究以 50% 羽绒和 50% 的特细涤纶混合使用。这种方法如同在羽绒中加入了“骨架”，既可使其更加蓬松，又可提高保暖性，并降低成本。也有采用 70% 的骆绒和 30% 的腈纶混合的絮填料，以使两种纤维特性充分发挥，混合絮填料有利于材料特性的充分利用、降低成本和提高保暖性。

（二）材类填料

1. 天然毛皮

天然毛皮的皮板密实挡风，绒毛能贮存大量的空气，因而十分保暖。高档的天然毛皮多用于裘皮服装面料，而中、低档的皮毛在高寒地区常制成皮袄，一般皮袄有面有里，该毛皮即起絮填料的作用。

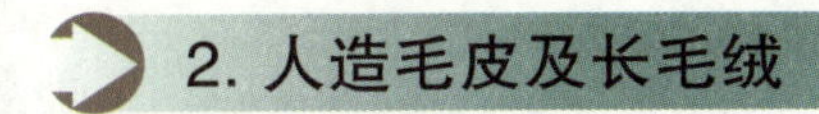

2. 人造毛皮及长毛绒

由羊毛或毛与纤维混纺制成的人造毛皮以及精梳毛纱及棉纱交织的立绒长毛绒织物，是很好的高档保暖材料，它们制成的防寒服装具有保暖又轻便、挺而不臃肿、耐穿性好、价格低廉等优点。

3. 驼绒

驼绒是指外观类似骆驼毛皮的织物，它是用毛棉混纺而成的拉绒针织物。驼绒具有松软厚实、弹性好、保暖性强的特点，能给人以舒适感，与里子相配可作为填充材料。

4. 泡沫塑料

泡沫塑料是用泡沫作絮填料的服装，挺括而富有弹性，裁剪加工也较简便，价格便宜。但其具有不透气、舒适性差、易老化发脆等缺点，故不被广泛使用。

5. 化纤絮填料

化纤絮填料能水洗、易干，并可根据服装尺寸任意裁剪，加工方便，是冬装物美价廉的絮填材料。腈纶棉轻而保暖，广泛用作絮填材料。中空棉采用中空的涤纶纤维，手感、弹性、保暖性均佳。喷胶棉是由丙纶、中空涤纶和腈纶混合制成的絮片，经加热后丙纶会熔融并黏结周围的涤纶或腈纶，从而做出厚薄均匀、不用绗缝亦不会松散的絮片。

（三）特殊功能絮填料

在宇航服装材料中为了达到防辐射的目的，使用消耗性散热材料作为服装的填充材料，在受到辐射热时，可使这些特殊材料升华而进行吸热反应；在织物上镀铝或其他金属膜，作为服装夹层，可以达到防护的目的。市场上销售的“太空棉”就是这种方法产生的絮填材料，常用在劳保服装中。

在服装的夹层中，使用循环水或饱和碳化氢亦可达到防御辐射热的目的。在防水面料制作的新兴运动服内，采用甲壳质膜层作夹层，能迅速吸收运动员身上的汗水并向外扩散，其还具有一定的抗菌性。

利用电热丝置入潜水员的服装夹层，可以使人身体保温；利用冷却剂作为服装的絮填材料，通过冷却剂的循环作用，可使人体降温；市场上出售的凉枕便是填充了冷却剂。另外，还可将药剂置入内衣的夹层中，用以治病或保健。

二、服装填料的作用

（一）增加服装的保暖性

1. 消极的保暖作用

服装加上絮填料后，厚度增加，增加了服装内静止空气的含量，而静止空气的导热系数是最低的，可以减少人体热量向外散发，同时也可阻止外界冷空气的侵入，从而提高服装的保暖性。

2. 积极的保暖作用

絮填料可以吸收外界热量，并向人体传递产生热效应。如远红外棉，可以发射特定波长的远红外线，与人体的吸收波长相匹配从而进入人体，产生温热作用。

（二）增加服装的造型性

由于絮填料的作用，可以使服装挺括，并使其具有一定保形性，使用絮填料可以使服装获得满意的款式造型。

（三）具有特殊功能性

1. 防热辐射功能

防热辐射功能使用消耗性散热材料、循环水或饱和碳化氢，可以达到防热辐射的目的。在织物上镀铝或其他金属膜也可以达到热防护的目的。

2. 卫生保健功能

卫生保健功能是在内衣夹层中加入药剂，起到治疗和保健的作用。远红外线絮填材料，可以抗菌除臭、美容强身。

3. 保温功能

保温功能是指在潜水服夹层内装入电热丝，可以为潜水员保温的功能。

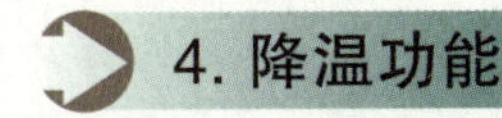

4. 降温功能

降温功能是指在服装中加入冷却剂，通过冷却剂循环，可以使人体降温的功能。

5. 吸湿功能

吸湿功能是指在防水面料制作的新型运动服内，采用甲壳质膜层作夹层能迅速吸收运动员身上的汗水并向外扩散的功能。

随着科学技术的不断发展，还将开发出许多特殊功能的絮填料，以满足人们的不同需求。

第四节 缝纫线

缝纫线应用于服装的缝制（如图 6–7 所示），具有功能性和装饰性的作用。随着服装加工的机械化、现代化和高速化发展，对缝纫线的要求也越来越高。缝纫线要求光滑、均匀、有一定的强度、摩擦小以及有一定的耐热性，同时希望收缩越小越好。对缝纫线的可缝性检验，常常用厚薄不同的各种面料，不同的缝纫机以不同的速度和缝制方法进行缝制，计测缝纫线的断头数，以此判断缝纫线可缝性的好坏。

图 6–7　缝纫线

一、缝纫线的种类

缝纫线是指由两根或两根以上棉纱、涤棉或纯涤纶纱，经过并线、加捻，煮练和漂染而成，主要用于服装、针织内衣及其他产品的缝纫加工等。缝纫线的种类繁多，按其纤维原料可以分为 3 种基本类型：天然纤维缝纫线，如棉线、丝线等；合成纤维缝纫线，如涤纶缝纫线、锦纶缝纫线等；天然纤维与合成纤维混合缝纫线，如涤棉混纺缝纫线、涤棉包芯缝纫线等。

（一）天然纤维缝纫线

天然纤维缝纫线主要包括棉线（如图 6–8 所示）和丝线（如图 6–9 所示）两大类。

图 6–8　棉线

图 6–9　丝线

1. 棉线

以棉纤维为原料制成的棉缝纫线，统称为棉线。棉线具有拉伸强力较强，尺寸稳定性好，线缝不易变形，耐热性良好等特点，主要适用于高速缝纫与耐久压烫。但其弹性与耐磨性差，难以抵抗潮湿与细菌的危害。

棉缝纫线还可以分为以下 3 种：

（1）无光缝纫线（软线）

无光缝纫线是指在纺纱后未经其他整理，只加入少量润滑油使其光滑柔软，主要适用于棉制织物等纤维素织物，一般用于手缝、包缝、线钉、扎衣样、缝皮子等。

（2）丝光缝纫线

丝光缝纫线一般用于精梳棉纱经丝光处理，其强度较软线稍有增加，纱线外观丰满并富有光泽，主要适用于棉织物缝纫。

（3）蜡光线

蜡光线是指棉线漂染后，增加上浆，适用于皮革或需高温整烫衣服的缝纫。

2. 丝线

用天然长丝和绢丝制成的缝纫线，具有光泽极好，可缝性好，强度、弹性和耐磨性能优于棉线等特点，主要适用于丝及其他高档服装的缝纫。

（二）合成纤维缝纫线

合成纤维缝纫线是目前主要的缝纫用线，具有原料充足、价格较低、可缝性好、拉伸强度大、水洗缩率小、耐磨，对潮湿与细菌有较好的抵抗性等特点。

1. 涤纶缝纫线

涤纶缝纫线有涤纶长丝缝纫线、涤纶短纤维缝纫线和涤纶长丝弹力缝纫线 3 种，具有耐磨性好、强度高、缩水率低、抗潮湿、抗磨蚀等优点，所以，涤纶缝纫线不但是目前缝纫业的主要用线，而且特殊功能用线也常以涤纶缝纫线进行加工处理而成。

2. 锦纶缝纫线

锦纶缝纫线有长丝线、短纤维线和弹力变形线 3 种。其具有伸度大、弹性好，较轻薄，耐磨和耐光性较差等特点。主要适用于缝织化纤、呢绒服装等。

3. 腈纶缝纫线

腈纶缝纫线由于具有较好的耐光性，染色鲜艳，适用于装饰缝纫线和绣花线。

4. 维纶缝纫线

维纶缝纫线由于其强度及化学稳定性好，一般用于缝制厚实的帆布、家具布等，但由于其热缩率大，缝制品一般不宜喷水熨烫。

（三）天然纤维与合成纤维混合的缝纫线

1. 涤棉混纺缝纫线

涤纶具有强度高、耐磨、缩水率小、耐热等优点。常用 65% 的涤纶短纤维与 35% 的棉纤维混纺而成，适用于各种服装。

2. 包芯缝纫线

以合成纤维长丝作为芯线，以天然纤维作为包履纱纺制而成。其中涤纶芯线提供了强度、弹性和耐磨性，而外层的棉纤维可提高缝纫线对针眼摩擦产生高温及热定型温度的耐受能力。其主要适用于高速缝制厚层棉织物，也可用于一般的缝制。

二、缝纫线的卷装形式

为适应各种不同用途的要求，缝纫线的卷装形式常见的有：木芯线、纸芯线、宝塔线、梯形－面坡宝塔管。

（一）木芯线

木芯两边有边盘，可防止线从木芯上脱下，其卷绕长度较短，一般在 200 ~ 500 m，故适用于手缝和家用缝纫机。

（二）纸芯线

卷装长度为 200 m 以内，适用于家用或用线量较少的场合。

（三）宝塔线

宝塔线是服装工业化生产用线的主要卷装形式，卷装容量大，为 3 000 ~ 20 000 m 及以上，适合高速缝纫，有利于提高缝纫效率。

（四）梯形－面坡宝塔管

梯形－面坡宝塔管主要用于光滑的化纤长丝，容量为 3 000 ~ 20 000 m 及以上。为防止宝塔成型造成脱落滑边，常用梯形－面坡宝塔管。

三、缝纫线的品种规格与商标符号

（一）品种规格

缝纫线的品种繁多，其粗细、颜色等各不相同，常用的就有几十个品种。

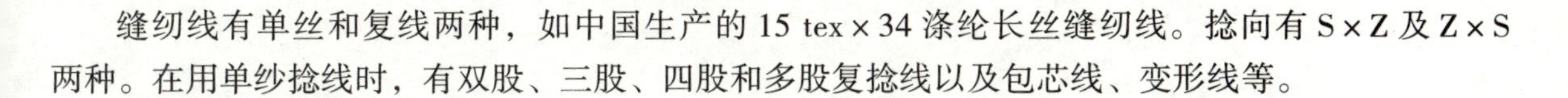

缝纫线有单丝和复线两种，如中国生产的 15 tex × 34 涤纶长丝缝纫线。捻向有 S × Z 及 Z × S 两种。在用单纱捻线时，有双股、三股、四股和多股复捻线以及包芯线、变形线等。

（二）商标符号

在缝纫线包装的商标上，标示着线的原料、特数、股数及长度。也有用符号来表示的，如棉缝纫线，以前用两位数表示单纱英支数，第三位数表示股数，803 即是代表 80/3 英支的符号；602 即是代表 60/2 英支。现都已改用特（tex）来表示。对合成纤维缝纫线来说，在国际上其商标有不同的编号系列，一般为 10 ~ 180 号，数字越大，表示其粗细程度越小。

四、缝纫线的选配

缝纫线的品种繁多，其性能特征、质量和价格等因素各不相同。正确地选择缝纫线可以使缝纫线在服装加工中具有最佳的可缝性和良好的外观及内在质量。原则上，缝纫线应与服装面料具有良好的搭配性。

缝纫线的选配应该主要考虑以下几方面：

（一）面料的种类与性能

缝纫线与面料的原料相同或相近，才能保证其收缩率、耐化学品性、颜色、回潮率、耐热性以及使用寿命等相配对，以避免由于两者的差异而引起外观皱缩的弊病。缝纫线的粗细应取决于织物的厚度和质量。在缝纫线强度足够的情况下，缝线不宜过粗，因为粗线要使用大号针，易对织物造成损伤。高强度的缝纫线对强度小的面料来说是没有意义的。

（二）服装的种类和用途

选择缝纫线时应考虑服装的用途、穿着环境和保养方式等因素。如弹力服装需用富有弹性的缝纫线。特别是对有特殊功能的服装来说，就需要使用经特殊处理的缝纫线，一般要具有耐高温、阻燃和防水等功能。

（三）接缝与线迹

多根线的包缝，需用蓬松的线或变形线，而对于 400 类双线线迹，则应选择延伸性较大的线。特别是现代工业生产中的专用设备，可用于服装的不同部位，如缲边机，应选用细支或透明线；裆缝、肩缝应考虑线的坚牢性，而扣服线则需耐磨。

（四）缝纫线的价格与质量

合理选择缝纫线是至关重要的，特别是其价格与质量是不可忽视的。虽然缝纫线占成本比较低，但是若只顾价格低廉而忽视了质量，就会造成“停车”，既会影响缝纫产量又影响缝纫质量。

第五节 服装扣紧材料

扣紧材料是指服装上的扣、链、钩、环、带、卡等材料，对衣服起着连接的作用。扣紧材料是服装中必不可少的附属材料，若是选用得当，对穿着者及衣物本身的装饰和点缀作用有意想不到的升华效果。扣紧材料主要有纽扣、拉链、钩、环、卡、绳、带、搭扣等。

一、纽扣

（一）纽扣的种类

纽扣的品种繁多，按照不同的分类方法有不同的种类。

1. 按照纽扣的原料分类

（1）塑料纽扣

① 胶木纽扣（如图 6-10 所示）：是用酚醛树脂加木粉冲压成型的，多以黑色为主，有圆形的两眼与四眼扣两种。具有表面发暗，质地较脆，易碎，耐热性好等特点。

② 电玉纽扣：是用脲醛树脂加纤维素填料冲压而成的圆形扣，有明眼与暗眼之分。具有表面强度高且光泽明亮，耐热性能好，不易燃烧、变形，色泽好看，有单色也有夹花色等特点。

③ 聚苯乙烯纽扣：又名苯塑纽扣，以暗眼为主，是用聚苯乙烯塑料注塑成型的圆形扣。具有表面花型颇多，颜色艳丽，光亮度与透明度好，耐水洗、耐腐蚀，质地较脆，表面强度低，易擦伤，耐热性较差，遇热时易发生变形等特点。

④ 珠光有机玻璃纽扣：是用聚甲基丙烯酸甲酯加入适量的珠光颜料浆制成板材，然后经切削加工成表面闪有珍珠光泽的圆形扣。有名眼扣与暗眼扣之分，具有表面光泽、颜色艳丽、花色品种繁多、质地坚硬、耐热性较差、水洗易变形等特点。

（2）金属纽扣（如图 6-11 所示）

① 电化铝纽扣：用铝薄板切割冲压而成型，表面经电氧化处理后呈黄铜色，多为圆形，或钻石形、鸡心形、菱形。具有质量较轻、不易变色、手感较差、易磨断缝纫线等特点。

② 四件扣：为上下 4 件的结构组成，是由金属材料外表镀以锌或铝。具有合启方便，坚牢耐用，对服装有装饰作用等特点。

③ 按扣：又称子母扣，原料主要是铜的合金。分大、中、小 3 种规格，大号适用于钉沙发套、被褥套、棉衣等；中号和小号适用于内衣、单衣及童装上。

④ 其他纽扣：有镀铬纽扣、镀铜纽扣、古铜纽扣等。它们是在塑料注塑成型后，再在其表面电镀上各种金属而成，有仿铜、仿金等各种颜色。

图 6-10　塑料纽扣

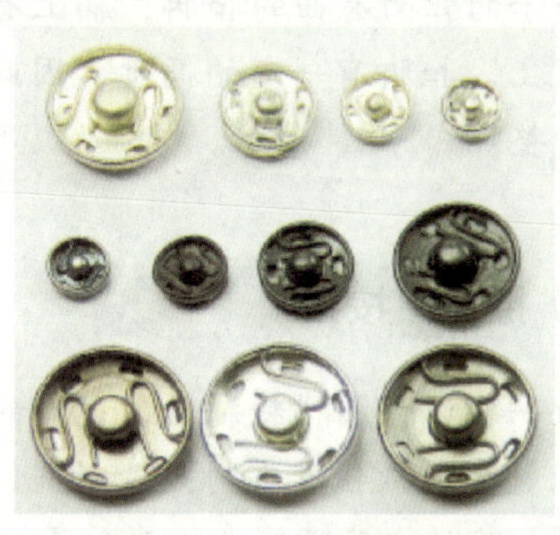

图 6-11　金属纽扣

（3）木质纽扣（如图 6-12 所示）

用桦木、柚木经切削加工制成的纽扣，分本色和染色两种；形状以圆形为少，异形为多，一般有竹节形的、橄榄形的。木质纽扣给人以真实感，自然大方，表面涂上清漆更显光亮富丽。

（4）皮革纽扣（如图 6-13 所示）

用皮革的边角料，先裁制成带条后，再编结成型的纽扣，多为圆形及方形，给人以丰满厚实的感觉。

图 6-12　木质纽扣

图 6-13　皮革纽扣

2. 按照纽扣的结构分类

（1）有眼纽扣

在纽扣的表面中央有 4 个或两个等距离的眼孔，以便用线手缝或用钉扣机缝在服装上。有眼

纽扣由不同的材料制成，颜色、形状、大小和厚度各不相同，以满足不同服装的需要。

（2）有脚纽扣

在扣子的背面有凸的扣脚，柄上有孔，或者在金属纽扣的背面有一个金属环，以便将扣子缝在服装上。扣脚有一定的高度，因此适用于厚型、起毛和蓬松面料的服装，能使纽扣在扣紧后保持平整。

（3）揿钮（按扣）

揿钮一般由金属材料制成，也有的是用合成材料制成。揿钮是强度较高的扣紧件，容易开启和关闭。金属揿钮具有耐热、耐洗、耐压等性能，被广泛应用于牛仔服、工作服、运动服以及不易锁扣眼的皮革服装上。非金属的揿钮也常用在儿童服装与休闲服装上。

（4）编结纽扣

编结纽扣用服装面料缝制布带或用其他材料的绳、带经手工缠绕编结而制成的纽扣。这种编结扣，有很强的装饰性和民族性，多用于中式服装和女式时装。

（二）纽扣的选配

在设计与制作服装时，选配纽扣要考虑到一些因素，主要包括以下几点：

1. 纽扣应与面料的性能相协调

常水洗的服装要选不易吸湿变形且耐洗涤的纽扣。常熨烫的服装应选用耐高温的纽扣。厚重的服装要选择粗犷、厚重、大方的纽扣。

2. 纽扣应与服装颜色相协调

扣子的颜色应与面料颜色相协调，应与服装的主要色彩相呼应。

3. 纽扣造型应与服装造型相协调

纽扣具有造型和装饰效果，应与服装呼应协调。如传统的中式服装不能用很新潮的化学纽扣，休闲服装应选用粗犷的木质或其他天然材料的纽扣，较厚重、粗犷的服装应选择较大的纽扣。

4. 纽扣应与扣眼大小相协调

纽扣大小是指纽扣的最大直径尺寸，其大小是为了控制孔眼的准确和调整锁眼机用。一般，扣眼要与纽扣尺寸相适宜，当纽扣的最大直径尺寸较大，且纽扣较厚时，扣眼尺寸还须相应增大。若纽扣不是正圆形，应测其最大直径，使其与扣眼吻合。为了提高服装档次，应在服装里料上缀以备用纽扣。

5. 纽扣的选择应考虑整体成本

低档服装应选低廉的纽扣，高档服装应选用精致耐用、不易脱色的高档纽扣。服装上的纽扣多少，要兼顾美观、实用、经济的原则，单用纽扣来取得装饰效果而忽视经济省工的做法是不可取的。

6. 纽扣选择应考虑服装的用途

如儿童有用手抓或用嘴咬的习惯，所以，儿童服装应选择牢固、无毒的纽扣；职业服装除了考虑纽扣的外观外，还要考虑耐用性及选用具有特殊标志的纽扣。

7. 纽扣在选用时的注意事项

各类塑料扣在遇热 70 ℃以上时就会变形，所以不宜用熨斗直接熨烫，不要用开水洗涤；同时，塑料扣应避免与卫生球、汽油、煤油等接触，以免发生变形裂口。

二、拉链

拉链（如图 6-14 所示）是指可以相互啮合的两条单侧牙链，通过拉头可以重复开合的连接物。拉链的使用非常广泛，其操作方便，服装加工的工艺也较为简单。

图 6-14　拉链

（一）拉链的结构

拉链主要由底带、边绳、头掣、拉链牙、拉链头、把柄和尾掣构成。在开尾拉链中，还有插针、针片和针盒等结构。其各部件的作用如下：

① 拉链牙是形成拉链闭合的部件，其材质决定着拉链的形状和尾端脱落。

② 头掣和尾掣用以防止拉链头、拉链牙从头端和尾端脱落。

③ 边绳织于拉链底带的边缘，作为拉链牙的依托。

④ 底带衬托拉链牙并借以与服装缝合。底带由纯棉、涤棉或涤纶等纤维原料织成并经定型整理，其宽度则随拉链号数的增大而加宽。

⑤ 拉链头用以控制拉链的开启与闭合，其上的把柄形状多样而精美，既可作为服装的装饰，又可作为商标标识。拉链是否能锁紧，则靠拉链头上的小掣子来决定。

⑥ 插针、针片和针盒用于开尾拉链。在闭合拉链前，靠针片与针盒的配合将两边的带子对齐，以对准拉链牙和保证服装的平整定位。而针片用以增加底带尾部的硬度，以便针片插入针盒时配合准确与方便操作。

（二）拉链的种类

拉链品种繁多，可按其结构形态和构成材料进行分类。

1. 按拉链的结构形态分类

（1）开尾拉链

开尾拉链两侧的牙齿可以完全分离开，适用于前襟全开的服装，如夹克、防寒服等。

（2）闭尾拉链

闭尾拉链分为一端闭合和两端闭合两种，前者用于领口、裤、裙、鞋等，后者用于口袋、箱包等。

（3）隐形拉链

隐形拉链（如图 6-15 所示）的牙齿很细且合上后隐蔽于底带下，用于裙装、旗袍及女式时装。

图 6-15　隐形拉链

2. 按拉链的构成材料分类

（1）金属拉链

金属拉链主要由铜、铝等金属制成拉链的牙齿。

铜质拉链较耐用，个别牙齿损坏后可以更换新齿，缺点是颜色单一、牙齿易脱落、价格较高，适用于牛仔服、军服、皮衣、防寒服、高档夹克衫等。

（2）塑料拉链

塑料拉链主要由聚酯或尼龙熔融状态的塑料注塑而成。

塑料拉链具有质地坚韧、耐磨、抗腐蚀、耐水洗、色彩丰富、手感柔软、牙齿不易脱落等优点，缺点是牙齿颗粒较大，有粗涩感。但其牙齿面积大，可以在其上嵌入人造宝石等，具有很强的装饰作用，适用于较厚的服装、夹克衫、防寒服、工作服、运动服、童装等。

（3）尼龙拉链

尼龙拉链是用聚酯或尼龙丝以螺旋线状缝织于布带上的。拉链表面圈状牙明显的为螺旋拉链，而将圈状牙隐蔽起来的即为隐形拉链。这种拉链柔软轻巧，耐磨而富有弹性，也可染色，普遍用于女装、童装、裙装及 T 恤等服装上。特别是尼龙丝易定型，可制成小号码的细拉链，用于轻薄的服装上。

（三）拉链的选配

选配拉链应主要考虑以下几个方面：

1. 面料性能

底带有纯棉、涤棉、纯涤纶不同类型的原料。纯棉服装应选用纯棉底带的拉链，否则由于缩水率不一致，会使服装变形。厚重面料的服装应选粗犷的塑胶拉链，轻薄服装应选小号尼龙拉链。

2. 服装用途

内衣应选较细小的拉链，外套则可以选较粗犷的拉链。

3. 保养方式

常水洗的服装应选耐洗的塑料拉链。

4. 面料颜色

除隐形拉链外，底带颜色应与面料颜色相近或相同。

三、钩

钩是安装在服装经常开闭处的连接物，多由金属制成，呈左右两件的组合。一般有领钩、裤钩。

（一）领钩

领钩（如图 6-16 所示）是用铁丝或铜丝定型弯曲而成的，以一钩、一环为一副，有大、小号之别，具有小巧、不醒目、使用方便等特点，主要用于服装立领的领口处。

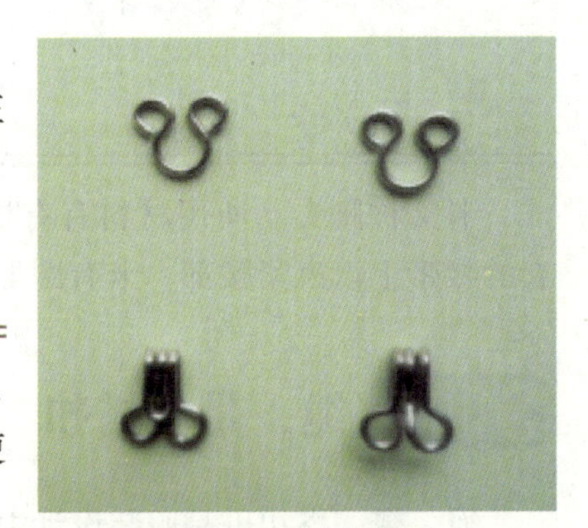

图 6-16　领钩

（二）裤钩

裤钩（如图6-17所示）是用铁皮及铜皮冲压成型，再镀上铬或锌以使表面光亮洁净，以一钩、一槽为一副，有大号与小号之分，主要用于裤腰口及裙腰口及裙腰钩挂处。

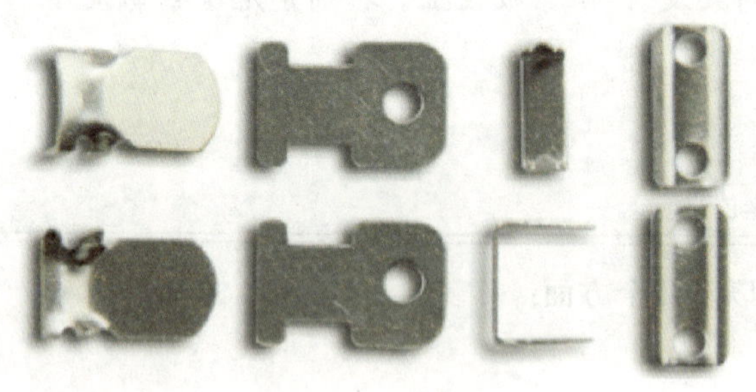

图6-17　裤钩

四、环、卡

环、卡是用来调节服装松紧，并起装饰作用的辅料。

（一）环

环主要是由金属制成双环结构，使用时把一端双环钉牢，另一端套拉用。裤环的结构简单，略有调节松紧的目的。常用的环有裤环、拉心扣等，钉在工作服、夹克衫、裙、裤的腰头上。

1. 裤环

裤环是金属制成的双环结构，用时钉住一端环形，另一端缝一短带钉住，以备套拉用。裤环的结构简单，略有调节松紧的作用，多在裤腰处。

2. 拉心扣

拉心扣是金属制成的长方形的环，中间有一柱可以左右滑动，以此调节距离。拉心扣具有使用方便、灵活等特点，多用于腰头或西装马甲。

（二）卡

卡又称腰夹。所用材料有有机玻璃、塑料、金属电镀、尼龙等，主要用于连衣裙、风衣、大衣的腰带上以束紧腰部。卡有圆形、方形及椭圆形之分，不仅收腰方便，又能对服装起装饰作用。

五、绳、带、搭扣

绳、带、搭扣也是服装设计中不可忽视的辅料，可以起到很好的装饰效果。

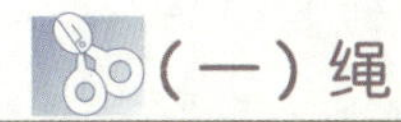

（一）绳

绳（如图 6–18 所示）是由多股纱或线捻合而成，直径较粗。绳的原料很多，有棉绳、麻绳、丝绳及各种化纤绳。绳的颜色丰富多彩，粗细规格多样，用于服装上既起紧固作用，又起装饰作用。在运动裤的腰部、防寒服的下摆、连衣帽的边缘等处，拉住绳带进行扣紧，可以增加装饰的作用。主要用于羽绒服、风雨衣、夹克衫、羊毛衫、裤腰、帽子、鞋等处的辅料。

（二）带

带是由棉、人造丝、锦纶丝、蚕丝、涤纶丝等原料，按机织、针编织等方法制成的扁平状织物，颜色繁多，宽窄厚薄不一。常用于绲边、门襟、帽墙、背包带、童装及女装的装饰上。

（三）搭扣

搭扣（如图 6–19 所示）是由锦纶丝织制而成的两根能够搭合在一起的带子，由两层锦纶带构成，一层表面有许多密集排列的锦纶丝小钩，另一层表面布满锦纶丝小圈。两层带的表面搭合时，小钩钩住小圈。分离时，通过撕拉，使小钩在外力作用下产生弹性变形，小圈脱出。搭扣带一般用缝合法固定于服装上，主要用于服装需要迅速扣紧或开启的部位，如门襟、袋盖，也用于松紧护腰带、沙发套、背包等。

图 6–18　绳

图 6–19　搭扣

六、服装扣紧材料的选配

在选择服装扣紧材料时，应主要注意以下几个方面：

（一）服装的种类

婴幼儿和童装的扣紧材料要简单而安全，一般采用尼龙拉链或搭扣。男装用的扣紧材料要选厚重和宽大一些的，而女装上的扣紧材料要十分注意其装饰性。

（二）服装的设计和款式

扣紧材料应与服装的款式协调呼应，所以在选用时要符合流行款式。

（三）服装的用途和功能

要根据服装的用途来选用合适的扣紧材料。如风雨衣、游泳装的扣紧材料要能防水，并且耐用，因此，用塑胶制品是合适的。女内衣的扣紧件要小而薄，质量小，但要牢固。裤门襟和裙装的拉链一定要自锁。

（四）服装的保养方式

有些服装是需要经常水洗的，因此不能选用金属扣紧材料，以防金属生锈而沾污服装。

（五）服装的材料

一般厚重和起毛的面料应使用大号的扣紧材料；轻而柔软的衣料应选用小而轻的扣紧材料；松结构的衣料，不宜用钩、袢和环，以免损伤衣料；起毛织物和毛皮材料应尽量少用扣紧材料。

（六）扣紧件的位置和服装开启的形式

如扣紧部位在后背，应注意操作简便。如果服装扣紧处无搭门，则不宜钉纽扣和开扣眼，而宜使用拉链和钩袢。

（七）扣紧件的应用方式

有眼揿纽扣和有脚纽扣是需要手工缝合的，而有扣眼和四件扣则可用钉扣机来缝钉。手钉的成本绝对比机钉的高，但亦需考虑设备条件与扣紧材料的可行性与成本。扣紧件的质量与成本应和服装档次相匹配。

第六节 服装的其他辅料

在服装设计和加工中，除了前面所介绍的辅料之外，像花边、绦子、珠子和光片、松紧带、螺纹带、商标、产品示明牌、号型尺寸带等辅料也是不容忽视的。

一、花边

花边是指用各种花纹图案起装饰作用的带状织物（如图 6-20 所示），按其加工方式可以分为机织、针织、水溶性花边（刺绣）、编织 4 类。

图 6-20 花边

（一）机织花边

原料有棉线、蚕丝、人造丝、锦纶丝、涤纶丝、金银线等，通过提花机控制经纱与纬纱而织成，可以多条同时织成或独幅织后再分条。机织花边具有质地紧密，色彩丰富，立体感强等特点，主要用作少数民族服装和节日特制服装的装饰之用。

（二）针织花边

原料采用锦纶丝、涤纶丝、人造丝，花边宽度可自行设计。针织花边具有孔眼多、组织稀松、外观轻盈、缺乏立体感等特点。花边又分有牙口和无牙口两类。无牙口花边用于服装的某些部位起装饰作用，有牙口的花边用于装饰用品或服装的边缘部位。

（三）水溶性花边（刺绣）

以水溶性非织造布为底布，用粘胶长丝作绣花线，用刺绣机绣在底布上，再经热水处理使水溶性非织造布底布溶解，剩下的便是立体的花边。水溶性花边花形也较活泼，富有立体感，常用于各种服装及装饰品中。

（四）编织花边

采用棉纱为经，棉纱、人造丝、金银线为纬，以平纹、经起花、纬起花织成的各种颜色的花边。编织花边一般是狗牙边，通过改变狗牙边的大小、弯曲弧度、间隔变化来丰富花边造型，该花边窄而厚实，是档次较高的一种花边。主要用于各类服装服饰的装饰辅料。

二、绦子

绦子是用丝线编织而成的圆或扁平状的带状物，一般用作镶衣边、枕头、窗帘、装饰品及戏装的装饰作用。

三、珠子与光片

珠子与光片是服装及服饰的缀饰材料。

珠子（如图 6-21 所示）是圆形或其他形状的几何体，中间有孔。可以用丝线将有孔珠子穿起来，镶嵌在服装上用作装饰。一般可以用人造珍珠代替天然珍珠。

光片（如图 6-22 所示）是圆形、水滴形或其他形状的薄片，片上有孔，是用各种颜色的塑料或金属制成的。用线将它们穿起来，镶嵌在服装上，在光照下闪闪发光，可以显出富丽堂皇的效果，常用于晚装、妇女儿童服装及舞台服装等。

图 6-21　珠子

图 6-22　光片

四、松紧带

松紧带是指织有弹性的扁平材料或圆形带状织物。松紧带品种繁多，花色丰富，主要适用于运动衣、内衣、外衣、手套、袜带、腰带等服装。

五、罗纹带

罗纹带是用棉纱与纱包橡胶线制成针织的带状罗纹组织物，主要适用于领口、衣口、袖口、裤口等。

六、商标

服装的商标（如图 6-23 所示）是企业用以与其他企业生产的服装相区别的标记。这些标志用文字和图形来表示。服装商标的种类很多，根据其所用材料看，有胶纸、塑料、织物、皮革和金属等。其制作方法有印刷、提花、植绒等。商标的大小、厚薄、色彩及价值等应与服装相配伍。

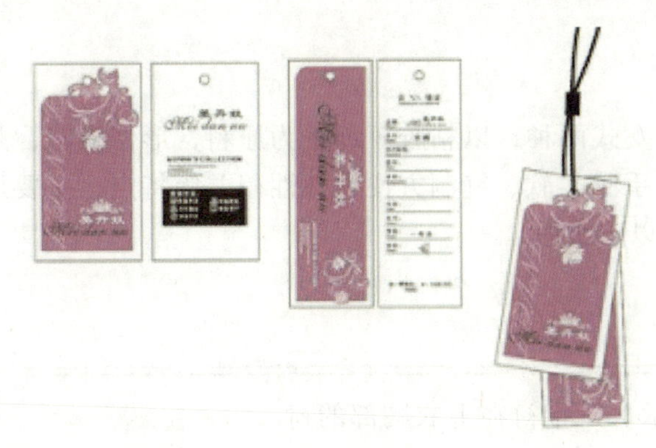

图 6-23　服装商标

七、号型尺码带

服装的号型尺码带是服装的重要标志之一，一般用棉织带或人造丝缎带制成，以解释说明服装的号型、规格、款式、颜色等。

八、服装产品的示明牌

服装的示明牌是用以说明服装的原料成分、使用和保养方式及注意事项的，其上列有如洗涤、熨烫、标记符号等内容，对于经过特殊整理的服装也应在示明牌上示明。

九、衬垫

衬垫是为了使服装穿着时充分体现衣饰美及形体美而采用的一种衬垫物。主要包括肩垫和胸垫两种。

（一）肩垫

肩垫（如图 6-24 所示）是指上衣肩部的三角形垫物，能使肩部加高加厚，且又平整，以达到挺括美观的目的。肩垫有用白衣絮棉花制作而成及泡沫压制而成两种，后者即为泡沫肩垫与化纤肩垫。

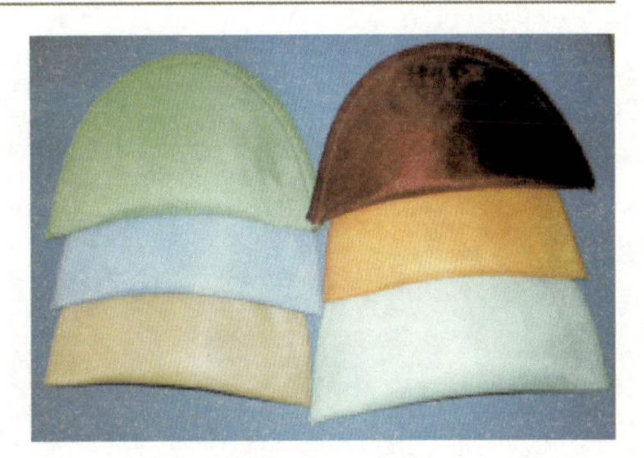

图 6-24　肩垫

1. 泡沫肩垫

泡沫肩垫分为男式与女式两种，用聚氨酯泡沫塑料经切割压制而成，有白色与黄色两种，外形似海绵状，特点是柔软而富有弹性、肩形饱满，常用作西装、大衣的肩垫。

2. 化纤垫肩

化纤垫肩分为男式与女式两种，以粘胶短纤维为原料，形似棉花，是用定型机特殊加工压制而成的，具有质量轻薄、手感柔软、缝制方便、弹性稍差等特点，主要用于西装及大衣。此种肩垫要注意不宜高温熨烫，以防皱缩。

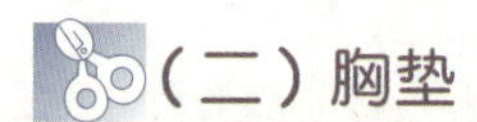

（二）胸垫

胸垫（如图 6-25 所示）是指衬在上衣胸部的衬垫物。其目的是突出胸部造型，使其丰满，使穿着者更富人体美感。胸衬分为胸衬垫和文胸衬垫两种，高档面料的胸垫多用马尾衬加填充物做成。文胸衬垫也有用泡沫塑料压制的。

图 6-25　胸垫

总之，所有的服装辅料使用得当，有利于提高服装的档次及外观效果，从而有利于更好地进行服装销售。

第七章　服装及其材料的保养和整理

知识目标

了解服装及其材料的保养及整理方法。

技能目标

掌握服装材料的去污方法及熨烫方法。

情感目标

通过对服装材料的保养及整理的学习，让学生能更多地学习服装材料的知识，灵活地运用于服装面料设计中。

服装及其材料的保养和整理

思维导图

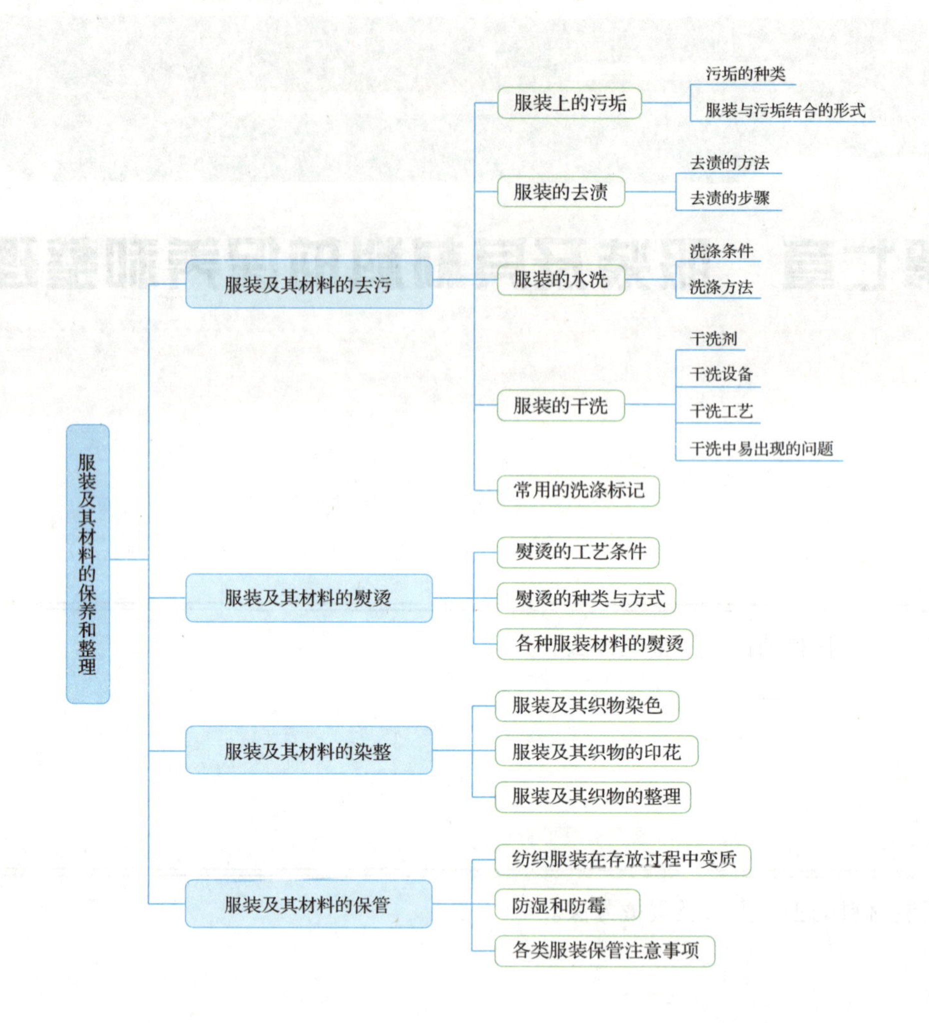

由于新型的服装材料和整理方法日益增多，给服装及其材料的识别、选择以及保养增加了难度。正确、科学地使用和保养服装，才能使其保持良好的外观和性能。

第一节 服装及其材料的去污

服装与服装材料在生产加工、销售和穿着使用过程中会有被污染的现象，而不同的污垢须采用不同的方式才能去除。合理的去污方法可以保证服装不变形、不变色，保持服装良好的外观和性能，从而延长服装的使用寿命。

下面简单介绍一些去污方法，以便延长服装的使用寿命。

一、服装上的污垢

（一）污垢的种类

服装污垢（如图 7-1 所示）是由 1/100 μm 到几 μm 大小的尘埃及各种化学物质侵蚀所致。其主要来自两个方面，一是人体，人体的代谢产物如汗液、皮脂等与脱落的皮屑一起构成服装内部的脏源，汗液中约 98% 是水分，剩余 2% 的可溶性物中 3/4 是无机盐等，1/4 是尿素、胱氨酸、尿酸、脂肪酸、氨和其他氨基酸等物；二是体外，外界的污垢来源较广泛，如风沙、烟灰、油烟及沾上的果汁、菜汤等。

图 7-1　服装污垢

污垢总体来说，主要可以分为以下 3 类：

1. 固体污垢

固体污垢主要是空气中的灰尘、沙土、煤及纤毛等。固体污垢的颗粒很小，往往与油、水混在一起，黏着或附在衣服上。它既不溶于水，也不溶于有机溶剂，但可以被肥皂和洗涤剂等表面活性剂吸附、分散，从而悬浮在水中。

2. 油质污垢

油质污垢都是油溶性的液体或半固体，大都是动植物的油脂、脂肪醇和矿物油等，以及来自空气中的煤烟、汽车排出的废气等。它们对服装的黏附较牢固，不溶于水，但可以溶于有机溶剂及含有洗涤剂的溶液中。

3. 水溶污垢

水溶污垢是液体或者半固体的，大多是来自于食品中的糖、盐、淀粉等，都溶于水。

以上所述的污垢，它们不单独存在，而是相互粘结成一个复合体，随着时间的延长，易氧化分解并产生更复杂的化合污垢，就更不易去除。在服装的去污过程中应根据污垢的内容、服装的结构与材料等特征进行，从而达到去污和保护服装的目的。

（二）服装与污垢结合的形式

在一般情况下，任何物体间都存在着吸引力。污垢尘埃与服装接触后会吸附在服装上。服装与污垢结合的形式主要有以下几种：

1. 机械性吸附

机械性吸附主要是指随空气飘浮的尘土微粒散落在织物空隙凹陷部位、服装折裥处、拼接的凸片边缘、纱线间的空隙等地方吸附不易掉落的情况，是污垢与服装结合的一种简单形式。这种附着作用与材料的组织结构、密度、厚度、表面处理、染色及后整理有关。稀疏面料的表面凹凸明显，绒毛、污粒被吸附容易；紧密面料不易积尘沾污，但污粒不易洗净。

2. 物理结合

分子力是污垢附在服装上的主要原因。如来源于人体的油脂，其污粒借助分子间的力而附着于纤维上，且易渗透到纤维的内部，同时污垢颗粒常带有电荷，当污垢与带有相反电荷的服装材料接触时，相互之间的黏附就显得更为强烈。去除这种污垢需要使用一定的洗涤剂。

3. 化学结合

污垢与服装的结合并非生成了一种新的物质，而是指脂肪酸、黏土、蛋白质等一些悬浮或溶有污粒的液体透入纤维内部，使污粒与纤维分子上的某些基团，通过一定的化学键结合而黏附在织物上。这类污垢一般不易除掉、必须采取特殊的化学方法处理，破坏其结合的化学键。

二、服装的去渍

去渍是指用药品加上机械作用，去除常规水洗与干洗无法洗掉的污渍的过程。这些污渍往往在服装的局部上造成较严重的污染，除了洗涤之外，需要对局部进行单独的去污。去渍方法取决于服装的性质和材料。

（一）去渍的方法

不损坏服装的去渍才是成功的去渍方法，因此，在去渍过程中，服装安全是最重要的。对不同的污渍，要使用不同的化学药品，而不同性质的污渍，其去渍的方法也不一样，需要灵活掌握。

1. 喷射法

喷射法是利用配备在去渍台上的喷射枪所提供的一种冲击的机械作用力来去除水溶性污渍，但需考虑织物结构和服装结构的承受能力。

2. 揩拭法

揩拭法是指用刷子、刮板和包裹棉花的细布等工具，来处理织物表面上的污渍，使之脱离织物的方法。

3. 浸泡法

对于那些污渍与织物紧密结合、沾污面积大的服装需采用浸泡方法，以使化学药品充分地与污渍发生反应。

4. 吸收法

在加注去渍剂后，待其溶解，用棉花等吸湿较好的材料吸收被去除的污渍，但应注意及时去除棉花团上的污渍或更换棉花团防止再污染。此方法适用于精细并结构疏松、易脱色的织物。

（二）去渍的步骤

不同的污渍有不同的去渍步骤，同一污渍在不同的服装材料上也要用不同的去渍办法。应以简便、快捷、对服装损害小为基本原则来确定去渍方案。

根据服装及污渍的性质来确定去渍的步骤，具体如下：

1. 确定是干性去渍还是湿性去渍

去除污渍的方法有很多，其中有干性去渍和湿性去渍两类。有的服装及服装材料不适宜用湿性去渍剂，以免引起服装的变形，如毛织物适宜用干性去渍，西服、大衣及婚纱类应用干性去渍；有的污渍可用湿性处理，如鞣酸渍、蛋白渍等。

2. 确定去渍对服装的损伤程度

对服装损伤的程度直接影响服装的去渍步骤，需要考虑服装的款式、服装材料的结构等，服装款式复杂、服装材料结构疏松的在去渍时应格外小心。

3. 确定去渍是否方便与费用是否经济

服装污渍的去除方法和去渍剂的选择，应根据服装材料的特性、操作的简便性、费用的经济性来进行。

三、服装的水洗

水洗是以水为载体加以一定的洗涤剂及机械力来去除服装上污垢的过程。它的特点是简便、快捷、经济，缺点是会使某些服装材料膨胀且只能对水溶性污渍起作用。水洗去污时的作用力一般较大，易出现服装变形、缩水、毡化、褪色或渗色等问题。因此，在水洗前应对服装进行甄别。水洗的条件、方法和步骤具体如下：

（一）洗涤条件

1. 水

服装水洗的优势在于：水的溶解能力和分散能力强，对无机和有机盐都有较强的溶解作用，同时对糖类、蛋白质、低级脂肪酸、醇类等也均有良好的溶解、分散能力；水使用方便，且具有不燃、无毒、无味、价廉等优点。服装经水洗后可以方便地进行干燥。

2. 洗涤剂

洗涤剂是指能够去除污垢的物质，用于水洗的洗涤剂主要是以表面活性剂为基本组分添加助洗剂配制而成的合成洗涤剂。

（1）表面活性剂

表面活性剂是亲水、亲油分子组成的物质。表面活性剂能显著降低水溶液的表面张力。根据表面活性剂在水中离解出有表面活性的离子所带电荷的不同，可分为阴离子型、阳离子型、两性型及非离子型表面活性剂等几种。阳离子型表面活性剂不适合在碱性溶液中使用，两性型生产量小、价格贵。所以，常用的是阴离子型和非离子型两种。

常用的阴离子型表面活性剂主要有以下几种：

① 肥皂：肥皂的水溶呈碱性，在水中具有良好的泡沫、乳化、润湿、去污作用。但在硬水中会生成钙皂、镁皂，所以不宜在硬水中使用它作洗涤用品。

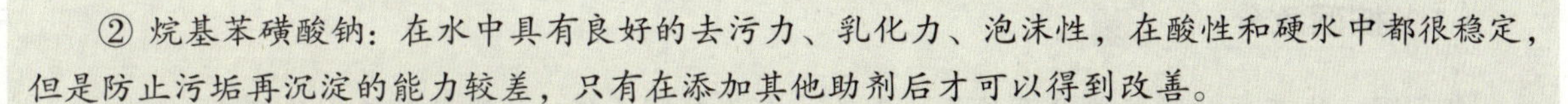

② 烷基苯磺酸钠：在水中具有良好的去污力、乳化力、泡沫性，在酸性和硬水中都很稳定，但是防止污垢再沉淀的能力较差，只有在添加其他助剂后才可以得到改善。

③ 脂肪醇硫酸钠：在水中具有良好的去污力、乳化性，泡沫稳定，对皮肤刺激较小，广泛用于毛、丝一类精细织物的洗涤。

常用的非离子型表面活性剂主要有以下几种：

① 烷基酚聚氧乙烯醚：在水中具有良好的润湿、去污、乳化、分散等作用，并具有较好的耐酸、耐寒、耐硬水能力。

② 脂肪醇聚氧乙烯醚：在水中具有较好的润湿、去污、乳化性能。在硬水中也可以使用。

③ 聚醚：是近年来生产低泡沫洗涤剂时常用的非离子型表面活性剂。

（2）助洗剂

助洗剂主要包括无机助洗剂、有机助洗剂以及其他助洗剂等多种。

洗涤剂在配制时必须注意两个问题：一是它能把污垢从需洗净的材料上分离出来，而且必须使污垢悬浮或分散，使之不会再黏着在材料上；二是应该具有节能和高效的特点，不能损伤材料，无毒，对人体没有刺激，生化降解性好，对环境无污染。

3. 洗涤设备

洗涤设备是服装洗涤时必备的工具。在洗涤时，对服装施以一定的作用力，可以加速污垢的清除。不同的方式采用不同的设备，有手洗和机洗之分。

（1）手洗设备

手洗常用的工具有木、金属、塑料材质的各种盆，搓板，刷子，棒槌等。从服装材料来说，棉、麻织物适合各种洗涤工具，毛料外衣可采用刷洗的方法，丝绸、拉毛织物和各种毛线织物要用揉洗的方法。

（2）机洗设备

机洗可分为家庭洗与商业洗，所用的设备比较多，且比手洗复杂，对服装及服装材料的机械作用力比手洗大。

（二）洗涤方法

1. 服装预分类

在洗涤前，首先应根据服装材料的纤维原料、织物结构、服装的形态和颜色等进行挑选预分类，以便分别洗涤。

（1）按颜色分

颜色深、浅不同的服装要分开洗涤，因为，颜色较深或鲜艳的服装有褪色的可能。

（2）按服装精细程度分

丝织物、轻薄织物及毛线衣类应挑出进行手洗，避免机洗可能对它们造成的损伤。内衣、内裤、袜子等小件物品或易变形的服装也应挑出来，进行手洗。

（3）按纤维原料分

要把毛及含毛量高的服装挑出来进行干洗。

2. 水洗服装分类

水洗（机洗）的服装主要可以分为以下几类：

① 白色纯棉、纯麻服装。

② 白色或浅色棉、麻及混纺织物服装。

③ 中色棉、麻及混纺织物服装。

④ 白色或浅色化纤织物服装。

⑤ 深色棉、麻及混纺织物服装。

⑥ 深色化纤织物服装。

3. 洗涤温度

随着温度的提高，使洗涤剂溶解加快，渗透力增强，促进了对污垢的进攻作用；使水分子运动加快，局部流动加强；使固体脂肪类容易溶解成液体脂肪，便于除去。

4. 干燥

经过水洗的服装，含有一定的水分，干燥处理可以将这些水分全部除掉。其干燥方法主要有以下两种：

（1）脱水

脱水是利用脱水机高速旋转的滚筒的离心力使滚筒内含水服装的水分降低。当服装相互缠绕在一起时，若离心脱水的速度过高会导致服装变形。

（2）自然干燥

自然干燥是指利用服装含湿量与空气中含湿量不同进行的干燥。此时，利用空气的流动把服装上的水分汽化带走，以达到干燥的目的。自然干燥简便易行、安全可靠，但耗时、效率低、易受客观天气条件的限制。自然干燥主要包括阴干、滴干、平摊晾干3种方式。

四、服装的干洗

干洗是利用干洗剂在干洗机中洗涤衣物的一种去污方式，适用于毛织物、丝绸织物等各种服装材料的去污。干洗用的干洗剂主要是四氯乙烯，干洗能去除服装上的油性污渍，使衣物不霉、不蛀，基本不褪色，不起皱，不收缩。

（一）干洗剂

用干洗剂洗涤毛料、丝绸等高级服装及衣料时，不会损伤纤维，无褪色及变形等缺点，能使服装保持原有的形态。干洗剂种类繁多，就外形来看可以分为膏状与液态两种。膏状干洗剂多用于局部污渍的清洗，而对于整体衣料洗涤需用液体干洗剂。液体干洗剂的基本组分为有机溶剂，其余为表面活性剂、抗再污染组分、助剂等。

1. 有机溶剂

干洗要求有机溶剂不仅具有较强的溶解污渍能力和洗涤污垢的能力，而且还需具有无毒、安全可靠、不腐蚀衣服与设备、价格便宜等特性。综合各方面考虑，常用三氯乙烷与四氯乙烯制作干洗剂。

2. 表面活性剂

干洗剂中含有2%～5%的表面活性剂，以获得最佳洗涤效果。常用阴离子型和非离子型表面活性剂复配。

3. 抗再污染组分

用适量亚甲基萘磺酸钠与聚乙烯吡咯烷酮组成的混合物作为抗再污染组分。

4. 助剂

根据需要，在干洗剂中加入少量颜料和香料，以加强观感效果。

（二）干洗设备

干洗的设备是干洗机，利用干洗剂四氯乙烯有去污能力强、挥发温度低的特点，通过各部件的功能来洗涤衣物、烘干衣物和冷凝回收洗涤剂，使洗涤剂能够循环反复使用。目前，我国干洗行业主要的干洗溶剂为四氯乙烯。

（三）干洗工艺

1. 洗涤

洗涤是将分类好的服装放入装好干洗液的干洗机内，通过内滚筒的转动，使服装与干洗剂发生作用，从而去掉服装上的污垢。

影响服装洗涤效果的因素有以下几个方面：

（1）装衣量

滚筒内装衣量的多少影响着衣物之间的摩擦力，同时也影响着衣物回落的高度。装衣滚筒容量大时，若装衣少，服装回落高度大，使服装间的摩擦力不足。装衣滚筒容量小时，如装衣多，衣物的回落高度较小，则衣物活动空间太小，同样得不到足够的摩擦力。

（2）洗涤时间

洗涤时间越长，机械作用时间就越长，去污效果越好。

（3）洗涤速度

一般以滚筒每分钟的转速计算，它决定了衣物从溶剂中抛出来又落回去的速率、溶剂随着滚筒被带起来又落到滚筒内衣服上的量，以及滚筒旋转中服装跌落下来的角度。

（4）溶剂的重量

溶剂越重，则滚筒旋转时落在服装上的机械作用也越大。

2. 脱液

脱液是指清洗完成后去掉服装上溶剂的过程。在脱液时，应尽量地排液，使服装不再被溶剂浸泡。脱液利用了滚筒高速旋转时产生的离心力，使衣物上的溶剂在离心力的作用下，穿过滚筒上的许多小孔，从而达到甩干的目的。

脱液的时间应根据衣物厚度、服装牢度的大小进行选择，对于较厚、强度较高的服装，脱液时间可以长一些，反之脱液时间可以短一些，因为衣物起皱和拉伤程度会随着脱液时间的增加而增加。

3. 烘干与冷却

烘干是在脱液之后进行的，为的是进一步去掉服装上的干洗剂。在脱液时通过离心力使干洗剂脱离了服装，然而服装上仍残留有干洗剂，烘干则可依靠加热空气使服装上的干洗剂汽化，从而去掉服装上残存的干洗剂。

冷却是将经烘干处理产生的干洗剂的蒸气冷却，从而得到正常温度下的溶剂，达到回收的目的；同时被洗的衣物也在空气的循环中得到冷却，以消除服装上残留的气味。

过高的烘干温度会损坏衣物，带来色斑、焦煳等问题。烘干时间的长短取决于烘干温度和装衣量的高低和多少。烘干时间对烘干效果及溶剂回收是十分重要的。

（四）干洗中易出现的问题

服装干洗时主要会出现以下几个问题：

1. 纽扣溶解或掉绒

用聚苯乙烯制造的纽扣能溶于四氯乙烯中，故在干洗后可能消失；植绒类织物因绒是粘在底布上的，经干洗后会出现掉绒现象。

2. 收缩与僵硬

吸湿性好的服装材料在干洗时，如干洗剂的湿度控制不当，即湿度过高，就会引起一定的收缩，而仿革材料经干洗后会使手感变硬，类似的涂层材料有些也会丧失其原有的功能。

3. 掉色

有些材料尤其是丝绸，由于其干洗色牢度欠佳，经干洗后会有掉色现象。

五、常用的洗涤标记

国际常用的洗涤标记可参考图 7-2。

图形符号	中文说明	图形符号	中文说明
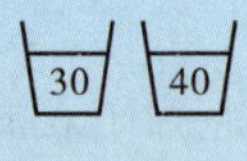 30 40	最高水温30℃（40℃）水洗，（包括机洗、手洗、机械运转常用干或拧干、常规）	 30	最高水温：30℃ 机械运转：缓和 用干或小心拧干
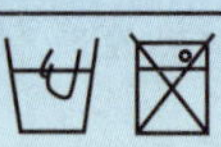	手洗轻搓，最高水温40℃（洗涤时间短），禁止用洗衣机洗涤	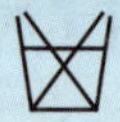	不可水洗
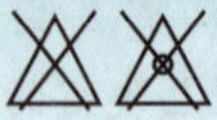	不可氯漂	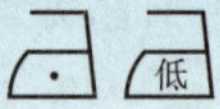 低	底板最高温度110℃
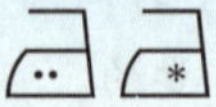 *	底板最高温度150℃	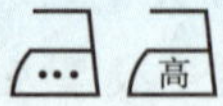 高	底板最高温度200℃
	垫布熨烫		蒸汽熨烫
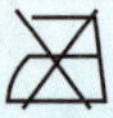	不可熨烫	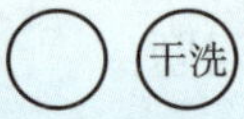 干洗	常规干洗
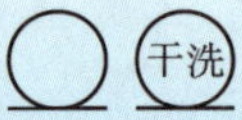 干洗	缓和干洗	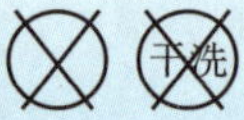 干洗	不可干洗
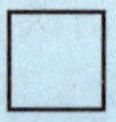	转笼翻转干燥		不可转笼翻转干燥
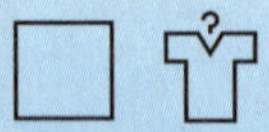	悬挂晾干	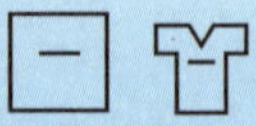	平摊干燥
	阴干		不可拧干

图 7-2　常用的洗涤标记

第二节 服装及其材料的熨烫

服装及其材料在加工、穿着使用及洗涤的过程中会产生变形，因此，需要根据服装造型的要求对服装进行熨烫。熨烫以不损伤服装及其材料的服用性能及风格特征为准，可使服装平整、挺括、折线分明，合身而富有立体感。

一、熨烫工艺条件

熨烫的基本工艺参数是温度、湿度和压力。在常温下服装及其材料纤维内部的大分子比较稳定，但对其施以一定的温度、湿度和压力时，纤维结构就会发生变化，产生服装的热塑定型和热塑变形。服装熨烫如图 7-3 所示。

图 7-3　服装熨烫

（一）熨烫温度

服装和衣料的热塑定型和热塑变形，必须通过热的作用才能实现。合成纤维受热后会经过玻璃态、高弹态、黏流态直至熔融，而天然纤维和人造纤维素纤维，则不经过熔融而直接分解或炭化。熨烫时温度过低，则达不到热定型的目的；温度过高，会使服装材料的颜色变黄，手感发硬，甚至熔融黏结或炭化。适当降低热定型的温度，可以减少染料的升华和材料颜色的变化，使服装的手感柔软。对同一纤维原料的服装、面料较厚的服装，熨烫的温度应高些；而面料较薄的服装，温度应低些。

一般来说，熨烫的温度越高，定型效果就越好，但是由于条件的限制，必须与熨烫和冷却的时间、方式等结合考虑。

（二）熨烫湿度

熨烫湿度影响服装定型的效果。衣料遇水后，纤维会润湿、膨胀、伸展，这时服装就易变形和定型。在手工熨烫时给湿的方法是垫布喷水或用蒸汽熨斗水蒸气喷湿。在机械熨烫时，是靠上下模头喷汽，并通过控制喷汽时间和抽汽时间来控制给湿量的。

熨烫主要分为干烫和湿烫两种方法。所谓干烫就是用熨斗直接熨烫。干烫主要用于遇湿易出水印或遇湿热会发生高收缩的服装的熨烫，以及棉布、化纤、丝绸、麻布等薄型衣料的熨烫。有时对于较厚的大衣呢料和羊毛衫等服装，先用湿烫，然后再干熨，这样可使服装各部位平服挺括、不起壳、不起吊，长久保持平挺。

（三）熨烫压力

熨烫时有了适当的温度和湿度后，还需要压力的作用。因为，一定的整烫压力有助于克服分子间、纤维纱线间的阻力，使衣料按照人们的要求进行变形或定型。熨烫压力在手工熨烫时靠熨斗重量，或通过熨斗施加压力，而在机械熨烫时，熨烫压力则是重要的控制参数之一。

服装的整烫压力应随服装的材料及造型、折裥等要求而定。通常，对于裤线、褶裥裙的折痕和上浆衣料，熨烫时压力可大些。对于灯芯绒等起绒衣料，压力要小或熨反面。对长毛绒等衣料则应用蒸烫而不宜压烫，以免使绒毛倒伏或产生极光而影响质量和外观。

熨烫是一种物理运动，要达到预定的质量要求，就必须通过温度、湿度、压力和时间等参数的密切配合。

综上所述，熨烫时的温度、湿度、压力、时间以及冷却的方式等因素，是相互影响并同时作用于服装及其材料上的。所以，综合考虑选择这些工艺参数，才可以使服装熨烫后效果更好。

二、熨烫的种类和方式

（一）按照熨烫使用的工具和设备分类

1. 手工熨烫

手工熨烫是指由人工操作熨斗（如图 7-4 所示），在烫台上通过掌握熨斗的方向、压力大小和时间长短等因素使服装平服或形成曲面、褶裥的过程。熨烫时，常用推、归、拔的方法。

手工熨烫的基本方法主要有以下几种：

图 7-4　熨斗

（1）推烫

推烫是运用熨斗的推动压力对服装进行熨烫的方法。在服装熨烫开始时，推烫适用于服装上需熨烫的部位面积较大而表面只是轻微褶皱的情况。

（2）注烫

注烫是利用熨斗的尖端部位对服装上某些狭小的范围进行熨烫的方法。操作时，将熨斗后部抬起，使尖部对着需熨烫的部位加力。此方法用在熨烫纽扣及某些饰品周围时比较有效。

（3）托烫

托烫是指需熨烫的服装部位不能平放在烫台上，而是要用手托起，或用烫包、烫台端部托起进行熨烫的方法。此方法用于服装的肩部、胸部、袖子等部位比较有效。

(4)压烫

压烫是利用熨斗的重力或加大压力对服装需要熨烫的部位进行往复加压熨烫的方法，有时也称为研磨压烫。此方法适用于服装上需要一定光泽的部位。

(5)侧烫

侧烫是利用熨斗的侧边对于服装局部进行熨烫的方法。此方法对服装的裥、缝等部位的熨烫比较有效，而又不影响其他部位。操作时，将熨斗的一个侧面对着需要熨烫的部位施力便可。

(6)焖烫

焖烫也是利用熨斗的重力或加大压力，缓慢地对服装需要熨烫的部位进行熨烫的方法。此方法主要适用于领、袖、折边等部位。操作时，对需熨烫的部位重点加压，但不要往复摩擦。

(7)悬烫

悬烫是利用蒸汽产生的力量对服装需要熨烫的部位进行熨烫的方法。此方法用于不能加压熨烫而又需要去掉褶皱的服装，比如，绒类服装在操作时应注意绒毛方向，以保持绒毛的完好状态。

2. 机械熨烫

机械熨烫是利用各种机器进行熨烫，效率高且质量统一。整个工序的机械熨烫设备约需十台以上，是大量生产款式统一的西装、大衣等大型服装企业所必需的，所以投资较高。

整烫机的温度是靠调节蒸汽量与模头之间的距离来达到的。对蒸汽量有两种调节方法：一是上模头送气，下模头不送气；二是上、下模头同时送气。两模头之间的距离小则温度上升；两模头之间距离大，则温度下降。因此，当两模头之间距离较大且下模头不送气时整烫机的温度最小；当两模头之间紧紧相压且上下模头同时送气时整烫机温度最高。

整烫机的加压方式有两种：机械式加压与气动式加压。机械式加压是通过调节上模头压力调节器来控制；气动式加压则通过调节上模头压力的气动阀来控制。在操作时可用纸张或布试调压力，同时应考虑到此压力与熨斗加压方式的不同。

服装在熨烫完成后，通过抽湿系统的控制，可使底模形成负压，让空气迅速透过置于其上的服装，从而将服装上的蒸汽热量和水分随空气一起带走。冷却有两种方式：一种是合模冷却，也就是当上下模头仍合在一起时冷却，此方式所需要的时间较长，定型效果好；另一种是开模冷却，即将上模头开启冷却，定型效果比上一种稍差，但时间较短。

(二)按照熨烫的工序分类

服装及材料的熨烫，按服装加工工序的不同可以分为预烫、中间熨烫与成品熨烫。

1. 预烫

现代化的服装工业中，在剪裁铺布工序之前，要将整匹的面料在专用的设备上进行蒸汽整烫，目的是消除在卷转时产生的张力和褶皱。

2. 中间熨烫

中间熨烫是指服装在加工过程中，穿插在缝纫工序之间的局部熨烫。如缝份、翻边、附衬、烫省缝、口袋盖的定型，以及衣领、裤子的归拔等。中间熨烫在局部进行，关系到服装的总体特征。

3. 成品熨烫

成品熨烫是对缝制完毕的服装进行的熨烫，又称大烫或整烫。这种熨烫通常是带有成品检验和整理性质的熨烫，可由人工或整烫机完成。成品熨烫可以弥补缝制工艺的不足，使服装有良好的保形性和服用性，以保证服装的质量和档次。成品整烫工艺必须依服装材料的种类和性质而定。

三、各种服装材料的熨烫

不同的服装材料，因纤维材料和织物结构的不同，其熨烫方法和熨烫温度也不同。在对各种服装材料进行熨烫时，应注意其危险温度以免损伤衣服外观和性能。

除考虑各种纤维的热学性能外，还应结合衣料的颜色、厚薄、组织等因素来决定熨烫温度。对不熟悉的衣料应先用小样进行试烫，然后再正式熨烫，以免产生较大面积变色等问题。有些染料遇到高温时会升华而使原来印染的花色变浅，所以对颜色鲜艳的衣料在熨烫时，不宜用过高的温度或反复熨烫。绒类和花纹凹凸的织物，熨烫时应熨其反面或者垫衬厚而柔软的垫布。对于含有氨纶的弹力织物，要用较低温度熨烫或者不熨烫。

（一）棉织物

棉织物在其穿着过程中形状保持时间较短，受外力后容易再次变形，所以，棉织物需要经常熨烫。熨烫温度在 180 ℃左右时可直接熨烫，此时表面平滑且有一定的亮光；可喷水熨烫，熨烫后的服装光泽柔和；对于棉与其他纤维的混纺织物，其熨烫温度应相应降低，特别是氨纶包芯纱织物如弹力牛仔布等，应用蒸汽低温加压熨烫，否则易出现起泡的现象。

（二）麻织物

麻织物的熨烫基本上与棉织物相同，也比较容易熨烫，但其褶裥处不宜重压，以免纤维脆断。麻织物的洗可穿性比较差，也需经常熨烫。

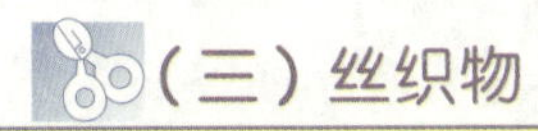

（三）丝织物

蚕丝织物比较精细，光泽柔和，一般在熨烫前需均匀喷水，并在水匀开后再反复熨烫，熨烫温度应控制在 150 ℃左右。丝绸织物的褶裥不易保持。对丝绒类织物，不但要熨背面，并且应注意烫台需垫厚，压力要小，最好采用悬烫。柞蚕丝织物不能湿烫，否则会出现水渍。

（四）毛织物

毛织物不宜在正面直接熨烫，以免烫出“极光”，应垫湿布先在反面熨烫，烫干烫挺后，再垫干布在正面熨烫整理。绒类织物在熨烫时应注意其绒毛倒向和熨烫压力。

（五）粘胶纤维织物

粘胶纤维织物容易定型，烫前可喷水，或用喷气熨斗熨烫，但其易变形，所以应注意熨斗走向和用力适当，更要注意不宜用力拉扯服装材料。

（六）合成纤维织物

1. 涤纶织物

由于涤纶有快干免烫的特性，所以日常穿用时一般不必熨烫，或只需要稍加熨烫即可。如果服装是第一次定型，则需注意熨烫温度和褶裥的掌握，最好是一步到位。如需改变已烫好的褶裥造型，则需使用比第一次熨烫时更高的温度。

涤纶织物需垫布、湿烫，以免由于温度掌握不好而出现软化和“镜面”等效果。

2. 锦纶织物

锦纶织物稍加熨烫即可平整，但不易保持，因此也需要垫布湿烫。锦纶的热收缩率大，在熨烫时温度不宜过高，且用力要适中。

3. 腈纶织物

腈纶织物的熨烫一般与毛织物的熨烫类似。

4. 维纶织物

维纶在湿热的条件下收缩率很大，因此不能湿烫，可垫干布熨烫，熨斗温度应控制在 125 ~ 145 ℃。

5. 丙纶、氨纶织物

这类织物一般不需要熨烫。如果要熨烫时，丙纶可喷水在衣料背面熨烫，温度控制在85 ~ 100 ℃；而氨纶织物的耐热性差，即使要熨烫也只能控制在40 ~ 60 ℃，不能垫湿布。

（七）混纺织物

混纺织物的熨烫，视纤维种类与混纺比例而定。其中哪种纤维的比例大，在熨烫处理时就偏重于哪种纤维。

第三节 服装及其材料的染整

服装及其衣料的外观、风格与性能，不仅受纤维原料种类、纱线与织物结构的影响，织物的印染和后整理方法也起了重要的作用。

在服装市场日益激烈的竞争中，不少企业为了创立自己的品牌并保证本企业服装的特色不易被仿冒，常常根据自己的花色要求实行定织定染。因此，不论是服装或织物的经营者、生产者，还是设计者，都需具备一定的染整知识，以便正确地认识和选用服装材料。

一、服装及其织物染色

（一）染料的种类

染料是能将纤维织物或其他物质染成一定颜色的有色物质。在服装及织物的染色、印花过程中，要按纤维种类和其他加工要求来选用不同的染料。常用的染料有直接染料、酸性染料、碱性染料、活性染料、还原染料、硫化染料、分散染料等。

（二）染色方式

服装及织物的染色主要有以下几种类型：

1. 纤维染色

纤维染色（如图 7-5 所示）是以散纤维状态或将纤维梳理成条后再进行的染色。这样的染色方式可使织物的颜色均匀，同时也可用于织造混色织物，如毛织物中的派力司、法兰绒等。

2. 纱线染色

纱线染色（如图 7-6 所示）是以绞纱或筒子纱线的方式进行的染色，用来织造条格或花式织物，如棉及棉混纺织物中的色织布、毛织物中的花呢以及丝绸中的花色织物。

图 7-5 纤维染色

图 7-6 纱线染色

3. 织物染色

织物染色（如图 7-7 所示）也称作匹染，是以织物的方式进行染色处理，主要适用于单色织物和各种纤维织物的染色。

4. 服装染色

服装染色（如图 7-8 所示）容易出现颜色不匀的弊病，所以，只限于洗染店中的染色。

图 7-7 织物染色

图 7-8 服装染色

二、服装及其织物的印花

服装及服装材料的印花是指在其局部利用染料获得花纹及图案的加工过程。一般来说，织物的印花要经过图案设计、花纹雕刻、色浆配制、印花、蒸化和水洗等工序。印花既可以在连续的坯布上进行，也可以在裁剪好的衣片或服装上进行。

（一）印花的方法

1. 直接印花

直接印花（如图 7-9 所示）主要分为滚筒印花和筛网印花。

图 7-9 直接印花

2. 间接印花

间接印花（如图 7-10 所示）主要可以分为转移印花、颜料印花、拔染印花和防染印花。

图 7-10 间接印花

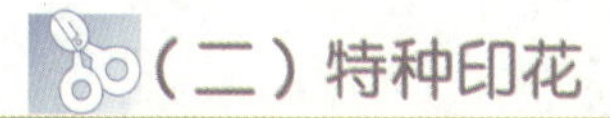

（二）特种印花

除了以上印花的方式还有微囊印花、发光印花、消光印花、发泡印花等多种特种印花方式。

三、服装及其织物的整理

织物的整理是指织物经过染色、印花后的加工处理过程。织物整理有不同的目的。稳定尺寸：拉幅、预缩、抗皱等整理；改善手感：硬挺、柔软等整理；改善外观：增白、轧光等整理；赋予服装材料新的性能：仿真、防污、防霉、阻燃等整理。织物的整理方法包括物理、机械和化学方法。

（一）服装及其材料的整理

1. 水洗

服装水洗是以水为媒介对纺织物进行洗涤的一种方式，通过洗涤剂的化学力、滚筒转动时产生的机械力、水的冲刷力、衣物之间的摩擦力共同作用于织物，从而达到清洁的目的。其中，水的硬度、温度、洗涤剂以及机械力都将影响水洗的质量。

2. 石磨洗

石磨洗是指用浮石和热水使服装或织物去掉部分色泽的一种处理方法。如纯棉织物的牛仔服经石磨洗后，手感较好，颜色有所变化，具有自然旧的风格。但石磨洗的过程中会产生粉尘和噪声，不利于保护环境，应用较少。

3. 砂洗

砂洗是指用纯碱或磷酸钠或专用的砂洗剂对丝绸服装进行洗涤，洗后用酸中和服装上的碱，并用阳离子表面活性剂进行柔软处理。经砂洗后的服装，表面附有绒毛，具有色泽自然、悬垂性良好、手感柔软、富有弹性等特点。

4. 酶洗

酶洗是指利用生物酶洗涤服装或织物的过程。棉、麻、丝绸服装均可用酶洗，使服装或织物具有脱色和洗白效果，具有手感柔软、表面光滑的特点。

5. 轧光、电光和轧纹

轧光、电光、轧纹整理都属于改善织物外观的机械整理方法。轧光和电光是以增长织物的光泽为主，轧纹是使织物具有凹凸不平的立体花纹。

6. 定幅整理

定幅整理是指纤维在纺纱、织造以及织物在漂、染、印等加工过程中，受到外力的作用，迫使织物经向伸长、纬向收缩，尺寸形态不够稳定，呈现出幅宽不匀、布边不齐、纬斜等缺点，给服装的加工带来不便。因此，在服装剪裁前要进行定幅整理。

7. 蒸绸、蒸呢

蒸绸、蒸呢是利用蚕丝、羊毛以及化学纤维在湿热条件下定型的原理，使织物具有表面平整，形态和尺寸稳定，降低缩水率，手感柔软、顺滑等特点。

8. 防缩防皱整理

防缩防皱整理常用的方法有预烘焙法、汽化法、浸渍法、后烘焙法四种。这些防缩防皱整理采用的工艺，与其他有关工艺可结合使用，注意在使用此种整理方法时必须检查甲醛等残留物。

9. 起毛、植绒整理

起毛是利用机械作用，将纤维末端从纱线中均匀地挑出来，使布面产生一层绒毛的工艺。植绒是利用静电场的作用，将短绒纤维植到印有黏合剂的织物上的加工工艺。

10. 柔软、硬挺整理

(1) 柔软整理

柔软整理可用化学方法与物理方法获得。化学方法是用一定的柔软剂对其作用；机械方法如棉织物的轧光或预缩处理，可以同时获得柔软整理效果；丝织物可利用揉布处理的揉布机来达到目的。

(2) 硬挺整理

硬挺整理也称作上浆整理。硬挺整理一般是结合定幅整理进行的，可单面上浆或双面上浆，多余的浆料应用刮刀去除。

11. 增重整理

增重整理的目的是增加服装与服装材料的重量，主要是针对丝织物而言。增重的方法有锡增重、单宁增重以及合成树脂增重等几种。通过增重整理的织物，其风格将有所改变，悬垂性更好。

（二）服装及其材料的特殊整理

为了满足人们生活、生产的需要，往往要求服装及其材料具有某种特殊的功能，如防水、防污、抗静电、阻燃、防霉、防蛀等功能需要通过整理方法来得到。

此外，还有涂层整理（金属涂层、PU 涂层等）、熔融黏合整理、泡沫乳胶整理等。这些整理对服装材料的外观及手感都有较大的改进，并使服装材料的品种更为丰富。

第四节 服装及其材料的保管

服装在穿着时，会受到不同力的作用，甚至会产生疲劳。因此，一件服装不宜长期穿用，而应该轮换使用，以便服装材料得以恢复，这样就可保持服装的良好状态，延长服装的寿命。

对服装的保管主要应该注意以下几点：

一、纺织服装在存放过程中变质

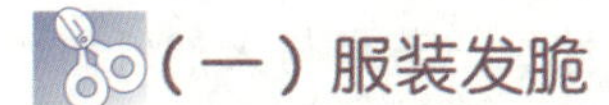

（一）服装发脆

服装发脆主要有以下几个原因：

① 虫害和发霉。

② 整理剂的染料发生水解和氧化等现象。如从硫化染料中释放出的硫酸，会使纤维发脆。

③ 残留物对纤维的影响，如残留氯发生氧化作用。

④ 在保管环境下光或热能也会使纤维发脆。

（二）服装变色

服装变色主要有以下几个原因：

① 空气的氧化作用会使织物发黄，如丝绸织物和锦纶织物的变黄。

② 整理剂如荧光增白剂的变质会使织物发黄。

③ 在保管环境下，光或热的作用会使织物发黄。

④ 染料的升华而导致染色织物褪色。

⑤ 油剂的氧化和残留溶剂的蒸发会导致织物变色。

二、防湿和防霉

服装在保管期间由于吸湿使天然纤维织物或再生纤维织物发霉。霉菌会使纤维素降解或水解成葡萄糖，使纤维变脆。此外，霉味令人不快，霉菌的集中即霉斑会使织物着色，从而使服装的使用价值大大降低。

在高温条件下，染色织物经常会发生变色和染料的移位等现象。

服装曝光在干燥的地方或装入聚乙烯袋中就可避免因湿度高而使织物发霉。

三、各类服装保管注意事项

（一）棉、麻服装

棉、麻服装存放入衣柜或聚乙烯袋之前应晒干，深浅色分开存放。衣柜和聚乙烯袋应干燥，里面可放樟脑丸以防虫蛀。

（二）呢绒服装

呢绒服装应放在干燥处。毛绒或毛绒衣裤与其他服装混杂存放时，应该用干净的布或纸包好，以免绒毛沾污其他服装。最好每月透风 1~2 次，以防虫蛀。

各种呢绒服装以悬挂存放在衣柜内为好。放入箱时要把衣服的反面朝外，以防褪色风化，出现风印。

（三）化纤服装

人造纤维的服装以平放为好，不宜长期吊挂在柜内，以免因悬垂而伸长。若是与天然纤维混纺的织物，则可放入少量樟脑丸，不能放卫生球，以免其中的二萘酚对服装造成损害。

第八章　服装及其材料的安全保健与舒适卫生

知识目标

了解服装材料的安全保健知识。

技能目标

掌握服装材料的安全保健性能与舒适性能，进一步掌握影响服装舒适卫生的因素。

情感目标

通过对服装材料安全与舒适性能的学习，培养学生举一反三的能力以及在实践中能灵活运用服装材料的能力。

思维导图

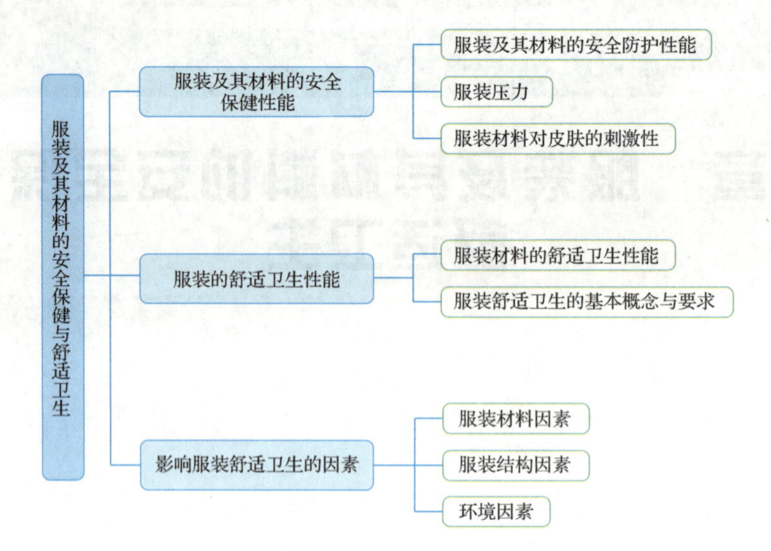
服装及其材料的安全保健与舒适卫生
服装及其材料的安全保健性能
服装及其材料的安全防护性能
服装压力
服装材料对皮肤的刺激性
服装的舒适卫生性能
服装材料的舒适卫生性能
服装舒适卫生的基本概念与要求
影响服装舒适卫生的因素
服装材料因素
服装结构因素
环境因素

随着生活水平的提高，现代人不断追求服装功能的多样化，使得消费者在购买服装时最关心的不仅是服装材料的颜色、款型、纹路等外观效果，而且更加关注服装材料给穿着者带来的舒适度以及其他功能。因此，在服装的设计过程中，选择服装材料时更应该重点考虑其舒适性能。

随着科技成果在服装上的应用，以及环保、休闲、保健、舒适等消费观念的普及，开发服装材料使其具有舒适性和其他功能是至关重要的。本章主要从服装舒适卫生的角度，介绍有关服装材料的保障安全性能、舒适卫生性能以及人体生理特点对服装的要求，以便在服装设计与材料选用时，将人—服装—环境作为整体考虑，从而使服装的各项功能完美结合。

第一节 服装及其材料的安全保健性能

随着生活水平的提高，科学技术的发展，同时也带来了一些不安全因素，如辐射、环境污染、静电等。伴随着人类探索大自然的领域不断扩展，服装材料的科学领域也发生了日新月异的变化，越来越趋向于全面考虑服装保健安全功能为目的的研究。本节主要从保健安全的角度来解释服装材料的有关性能。

一、服装及其材料的安全防护性能

（一）防辐射性

防辐射性是指服装及其材料保护人体免受辐射危害的性能。通常情况下，可在织物表面涂一层银白色胶或镀铝、铬等金属，制成防高温或防紫外线等服装，以保护人体，尤其是孕妇等特殊保护对象。可以结合服装具体情况而定。

（二）抗静电性

抗静电性是指服装及其材料抵抗电荷积累、灰尘吸附的特性。随着化学纤维的应用，静电现象出现在许多服装材料中。静电容易吸附灰尘、缠绕衣服、影响健康，严重时甚至会出现火花引起火灾、爆炸等，应该高度重视。现常采用亲水整理或加导电纤维的方法进行抗静电整理，以满足特殊服装的需要，如防尘服等。

（三）防污性

防污性是指服装材料在穿着使用过程中防止污垢沾污的性能，主要包括污垢难沾污和沾污后污垢易去除两种。在人们快节奏的生活中，防污性对服装来说很重要，因此，人们研究出了许多防污处理办法。

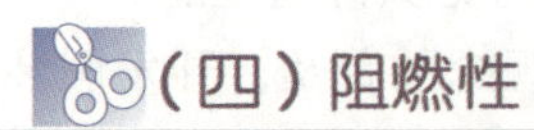

（四）阻燃性

阻燃性是指服装材料遇火不易发生燃烧或燃烧极慢的特性。服装材料的不同，其阻燃性也各不相同。当然对特殊用途的服装，如消防服，则应选择难燃纤维并经过阻燃整理，使其服装材料具有更好的阻燃性。

（五）变色性

变色性是指服装及其材料能随光、热、液体、压力、电子线等变化而发生变色的性能。在制作救生服、交通服、泳装、夜间作业服等服装时，可利用变色性以达到安全防护的目的。

（六）医用保健

在卫生保障和安全的服装材料的开发中，医用保健服装材料的发展引人注目。用粘胶纤维、维纶、丙纶等做原料的非织造布，可制作成止血棉、绷带、口罩、手术衣、病人服装和床单等，具有易于消毒、无副作用、价钱低廉、可用即弃等优点。还可用合成纤维制成人工脏器、人造皮肤、手术缝合线等医用物品。

二、服装压力

（一）服装压力及其危害

服装压力是指人体穿衣后，单位皮肤面积上所受的力。服装压力对人体会造成一定的危害，轻则导致身体不舒适，重则使人呼吸受阻，行动困难，甚至会导致内脏器官发生变位，引起生理机能障碍，进而导致身体变形等。女士们经常喜欢束腰，但束腰容易对人体造成损害。人在束腰后其心脏、胃等位置或发生一定的变化，从而使呼吸运动受限，造成胃下垂、消化不良等后果，因此不能过分束腰。当前，人们越来越重视服装压力对人体造成的危害，不但抛弃了旧式的卡腰衣，而且在妇女内衣领域也有所发展，大量舒适合体、对身体无害的无钢圈胸衣已上市，既修正了体型，也达到了卫生保健的目的。

（二）服装的重量及其分布

服装重量的大小根据服装材料的种类、款式、结构及着装者的身体状况而变化。人体穿衣后，服装的重量被人体所承担，服装的负荷一般集中分布在两肩和腰部。在设计和制作厚服装时，必须考虑肩部和腰部所能承受的压力。在选择服装材料和款式时，应注意减轻服装的重量，以免造成呼吸困难和身体不适，这对儿童和老年人来说尤为重要。

三、服装材料对皮肤的刺激性

现代服装颜色鲜艳、风格各异，无论是化学纤维还是天然纤维，都要经过各种化学染料和整理剂的处理，这些化学试剂难免含有刺激性物质，这对少数体质敏感的人会造成一定的危害，譬如出现发痒、红肿、皮炎，甚至哮喘等过敏现象。曾经有人由于穿着羊毛内衣或鸭绒发生哮喘，一旦脱去毛、羽服装，哮喘病便痊愈。也有人穿了化学纤维内衣而引起皮疹，进而引发哮喘。对于过敏体质者，应避免使用染色的化学纤维衣料，也不宜选用有毛料感和毛绒感的内衣，在选择内衣的材料时，应注意内衣应以纯棉为宜，并且以手感柔软、表面光滑为好。

第二节 服装的舒适卫生性能

一、服装材料的舒适卫生性能

（一）吸湿性与吸水性

人在活动时产生的水蒸气与汗水，是靠服装材料的吸湿和吸水性能，进行吸收并向外散发的。吸湿性的大小取决于纤维的性质，与各种纤维的回潮率相关。吸水性与材料的毛细管作用和服装内外的水压差有关。一般吸湿性好的材料，其吸水性亦好。服装材料吸水后，会使服装增加重量，透气性降低，热传导率增大，从而促使人体排汗以散发热量。但是，过量的吸湿或吸水会使服装紧贴在皮肤表面而产生不舒适的感觉。因此，材料除了要具有一定的吸湿、吸水性外，还应具有一定的放湿速度，这样才能保证材料的舒适性。

（二）透湿、透水性与防水性

水分通过服装材料时有液态和气态两种。通常将皮肤表面水分以液态方式通过信息作用传递到织物表面的性能称为透水性（或吸水性），而将汗液在皮肤表面蒸发并以水蒸气方式透过织物的性能称为透湿性。防水性则是透水性的相反表达，织物需采用防水整理以阻止外界雨水的侵入。透湿性是影响服装舒适性的重要性能，其水分的移动不仅与水蒸气穿过织物的直接扩散有关，还与服装材料的吸湿性有关。

（三）含气性

含气性是指服装及其材料在织物空隙、纱线内部及纤维集合体之间保留空气的性能，而这些空间称为气孔。含气性的多少，气孔的大小和有无，对服装材料的热传导性、湿润性、透气性等都会产生一定的影响。一般来说，含气量与纤维种类、纤维方向、纱线粗细、织物品种及缝制工艺有关，还与气孔的状态有关。不规则气孔妨碍空气的流通，有利于空气的储存，使服装材料的保温能力提高；直通气孔的空气流通好、散热快，不利于服装材料的保湿。

（四）透气性

透气性是指服装材料透过空气的特性。透气性与气孔形态关系紧密，不规则气孔材料不如直通气孔的材料透气性好，如棉花、呢绒等不规则气孔材料，其透气性就不好。在外界温度较低时，外层服装材料最好选择难透气的，即组织致密的具有防风性能的材料，以尽量减少热量的散失。而一般情况下，要求服装透气性较强为好。

（五）保温性

服装材料内的静止空气使其具有保温能力。服装材料的不同，其保温性能也有所不同。织物的厚度对保温性的大小起支配作用。蓬松、柔软且富有弹性的材料含气量大，具有良好的保暖特性。因此，增加织物的含气量要比选择纤维材料种类更有利于保暖。不论是棉、羊毛，还是人造纤维，只要起绒、起毛，便会表现出突出的保暖特性，从而成为防寒服装的适宜材料。

二、服装舒适卫生的基本概念与要求

（一）服装的舒适性

在如今社会中，人们日益重视服装的舒适性。对于服装舒适性的研究，已成为当前服装研究中最重要的课题之一。

舒适性是一项综合的系统性能。服装的舒适性有广义和狭义之分。从广义上来看，舒适性是指服装材料在服用中与人联系时，能满足人生理和心理的要求，获得肯定判断的特性。而狭义上，服装舒适性主要是指生理上的舒适性。生理舒适性主要包括温度性舒适、接触性舒适与实体性舒适等。

（二）服装的卫生性

从广义上来说，服装的舒适性与卫生性，是统一的目的和概念。因为，只有吸湿、透湿、透气的舒适服装，才可能符合卫生要求。但从狭义上来说，服装的卫生性，是指防止服装的污垢及其他原因对人体所造成的伤害。应研究服装影响人体健康的各种因素、服装材料的卫生性及其与人体生理现象的关系，从而改进服装。

（三）服装舒适与卫生的条件

舒适且卫生的服装，主要应该具备以下几个条件：

1. 便于身体活动

服装材料应适合日常人体所从事的各种活动。服装材料应具有足够的弹性、柔软性、透气性等。服装的款式不能过紧，过紧的服装会增加对身体的压力，从而影响动作和血液循环以及妨碍儿童发育等。

2. 能保持皮肤的清洁

服装的污染主要来自外部和服装内皮肤的排泄。外部污染包括尘埃、机油、果汁等。皮肤的污染主要来自皮脂的排泄、细胞的脱落以及汗液和分泌的油脂等。如长期穿用污染的内衣，会产生臭气，滋生细菌，诱发皮肤病。因此，内衣服装材料应具备能吸附皮肤上的污垢，防止外来的尘埃，吸汗后不贴身，衣料的整理剂和染料对身体无刺激等条件，并且耐洗、防霉、防菌等功能良好。

3. 具备气候调节能力

穿衣后人体皮肤和衣服之间能达到舒适的气候条件。因此，当外界环境变化时，通过服装及其材料的选配，应仍能创造这样的气候环境。服装材料的性能及款式影响着服装的气候调节能力。

4. 保护身体

保护身体主要防止外部环境对人体造成的危害，其中包括机械危害、化学品危害、辐射及虫咬等。服装要使身体不受到上述各项危害，其材料就应具备坚韧性、耐药性、防辐射性、绝缘性、导电性以及可洗涤性等。

三、影响服装舒适卫生的因素

（一）服装材料因素

用舒适的材料制作的服装，会使穿着者感到舒适和愉快。服装材料是构成服装的基础，不同的材料其舒适卫生性能也各不相同。服装材料使用得当与搭配合理，将直接影响着服装的舒适卫生性能。

1. 服装材料与夏服的关系

夏季服装要求蒸发散热好，又能防止紫外线辐射，因此透气性好、吸湿的材料才能成为夏服的主要选择对象。

（1）夏服外衣

夏服外衣宜采用透气性好、质地薄、吸水、吸湿和导热系数大的材料，如棉、麻、丝绸、化纤及其混纺交织物均可使用，还应考虑到服装的颜色以避免日光直射，以白色和淡色等反射能力强的材料为好。

（2）夏服内衣、衬衣

夏服内衣、衬衣可采用既有吸水性又有放水性，且透气性强、易洗涤的材料，故棉布及其混纺织品是夏季最适合的内衣材料。绉纱放水性好，被汗水浸湿后不黏身，在夏季受到青睐。因此，针织物、绉纱等也很合适。

2. 服装材料与冬服的关系

冬季服装要求防寒保暖，应选择保暖性好的服装材料，譬如棉、羽绒、双层织物、起绒布、针织料等，另外，还可以选择防风性好的材料，如毛皮、毛料、致密织物等。

（1）冬服外衣

冬服外衣采用含气量大、伸缩性强，且不妨碍行动自由的材料为佳。譬如棉绒布、羊毛衫、毛线衣、毛及毛混纺织物等具有保温性好、吸湿性强、不妨碍皮肤表面水分蒸发的特点。

（2）冬服内衣

冬服内衣采用具有适宜的透气性、吸湿性、手感好、耐洗涤的材料为好。人体即使在寒冷时，皮肤表面也有不少汗蒸发，在运动时还要出汗，故选用针织布、漂白布等棉或棉纺织材料较合适。

综上所述可知，服装材料对服装舒适卫生性的影响，主要取决于材料本身的卫生保健性能。

（二）服装结构因素

服装款式的长与短、宽松与狭窄，衣料的厚薄与层数如何，开口部位的多与少，等等，对衣服的散热功能均会产生不同程度的影响，因此，服装结构影响着服装舒适卫生的性能。

1. 服装内的空气层

服装材料重叠或交错会产生空气层。空气层的厚度，因服装材料、服装种类、着装方式、身体姿势、运动状态的不同而出现差异。服装内空气层的性状和形态是影响服装保暖性的一个重要因素。当身体姿势发生运动变化时，空气层受到挤压，从而造成服装各部位空气层发生变化，影响服装的舒适性。所以说，空气层厚度对服装舒适性有重要的影响。

2. 服装开口部位

服装开口部位的位置、数量及开口方式对服装的散热、换气有直接影响。一般情况下，开口部位分向下、水平、向上 3 种开口方式，以开口数量多、上下敞开、开口部位大作为防暑服装的设计原理，而以开口部位小且封闭作为防寒服装设计要点。譬如，旗袍是下端敞开、上端可自由开闭的典型服饰，上下身连成一个完整的衣下空间，使调节和通风散热作用均良好，很适宜春秋穿着。要使服装保暖，应限制开口方向，减少开口部位，使服装尽量封闭，如领口能开能合适用于搭配披肩或围巾的冬季大衣、裤脚封闭的滑雪裤等；相反要使服装换气通风方便，需使向下开口的下摆、向上开口的衣领及随姿态变化的袖口尽量大些，且在服装上尽量多开口，如连衣裙、和服等。

3. 服装裸露程度

服装随着季节变化，人体坦露的面积大小不同。由于在人的体表面积中，上肢和下肢所占的比例相当大，服装在这个部位覆盖面积的大小，可在很大程度上调节体热的散失，因此，设计冬、夏服装需要考虑这方面的因素，这也是人们冬季选择长衣、长裤，佩戴手套、围巾，而夏天喜欢穿短袖、无袖衬衣，甚至超短裙的原因。身体不同部位对冷敏感的顺序如下：腹部 > 背部、大臂、大腿、腰部 > 小腿、小臂、胸部、足部、手背。因此，衣服在考虑裸露出多少面积的同时，要做出对下半身的腹部、腰部和大腿以及上半身的背部和大臂充分保温。

（三）环境因素

环境条件也是影响服装舒适性的重要因素。一般情况下，太阳辐射、气流、气温和湿度是组成环境气候的 4 项基本要素，其中任何一项都可以引起环境气候的变化，每一项都直接与服装舒适卫生性能有关。因此，人们在生活中，需要随环境气候的变化而适时调整自己的着装，这样才能保持热平衡，保护好身体。

1. 太阳辐射

太阳辐射即太阳辐射的热效应，包括红外线、紫外线和可见光 3 部分，以红外线的热作用最大。其大小变化主要由太阳辐射强度、持续时间及大气厚度和透明度等因素决定。在人体通过服装与周围环境进行热交换的过程中，热辐射是由高温物体向低温物体进行放射的。因此，太阳热辐射的大小决定了人体对外界的放热或吸热，由此，也影响到了人体舒适性。

2. 气流

气流即空气运动的速率和方向。风速以 m/s 表示。风向通常分成 16 个方位。而针对人体的风向有背面风和迎面风、脚→头向风与头→脚向风之分。它们对服装舒适性的影响也是不同的。

3. 气温

气温即空气的温度，来自太阳的光和热，多以摄氏温度来表示（℃），也可用绝对温度（K）或华氏温度（℉）表示。

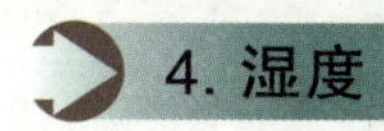

4. 湿度

湿度即空气的含湿量，来自地球上水分的蒸发和凝结。湿度可用绝对湿度、相对湿度、露点温度和水气压来表示，以前两者为常用。绝对湿度量指 1 m^3 空气中含水蒸气的克数。而相对湿度（%）是绝对湿度与该气温下 1 m^3 空气中饱和水蒸气的克数之比的百分率，它可从干湿球温度计上查得。

另外，还有一些特殊的作业环境，如粉尘、油污、酸碱等化工环境，对此必须采用相应的功能性服装（如防尘、防油污、抗酸碱等），以保证人体的卫生安全。

参考文献

［1］邢声远，郭凤芝．服装面料与辅料手册［M］．北京：化学工业出版社，2007.

［2］李丹月．服装材料与设计应用［M］．北京：化学工业出版社，2009.

［3］王革辉．服装材料学［M］．2版．北京：中国纺织出版社，2010.

［4］李艳梅．现代服装材料与应用［M］．北京：中国纺织出版社，2013.

［5］王革辉．服装面料的性能与选择［M］．上海：东华大学出版社，2013.

［6］陈娟芬．服装材料与应用［M］．北京：中国纺织出版社，2014.

［7］季荣．服装材料识别与选购［M］．北京：中国纺织出版社，2014.

［8］朱松文，刘静伟．服装材料学［M］．5版．北京：中国纺织出版社，2015.

［9］吴微微．服装材料学・应用篇［M］．北京：中国纺织出版社，2015.

［10］Thames Hudson．时装设计师面辅料应用手册［M］．北京：中国纺织出版社，2015.

［11］何建新．新型纤维材料学［M］．上海：东华大学出版社，2015.

［12］张怀珠，袁观洛，王利君．新编服装材料学［M］．4版．上海：东华大学出版社，2017.

［13］于伟东．纺织材料学［M］．北京：中国纺织出版社，2018.

［14］吕立斌．纺织服装概论［M］．北京：中国纺织出版社，2018.

［15］程朋朋，陈道玲，陈东生．纺织服装产品检验检测实务［M］．北京：中国纺织出版社，2019.